U0350815

原来乔木
这么美

叶子——著

东方出版社

原来乔木这么美

目录 | CONTENTS

作者序 | FOREWORD

叶子

2016 / 03 / 31　晴

　　继《原来野花这么美》后，"原来"这个名词，竟成了一种延续。说来有趣，这本书早在 2015 年初就已敲定，几个月后的某日，心里头老觉得怪怪的，好像有什么事情还没完成，但又说不上来，就像那种"欠"人家东西的感觉。这才突然想起编辑，便写信提起此事。我们忙着工作、家庭、小孩，像根蜡烛两头烧，竟然都忘了这件事。两人不禁莞尔一笑，赶紧加快进度。感谢麦浩斯出版社再次给予机会，也感谢编辑团队的辛苦，书稿才得以顺利完成。

　　树木在地球上是种非常奇妙的生物，它不但是现有维管植物中体形最庞大的，而且是寿命最长的一种生物。树木和万物间也存在着紧密的联系，对动物而言，除了生长在水中的之外，几乎所有动物都依赖树木作为栖身之所；树木也为动物提供食物来源，一棵树木甚至还可以成为候鸟的"陆标"。而对人类而言，其用途可就更广泛了，举凡生活所需，无论是衣食住行还是医药等，无一不直接或间接取之于树木。

　　草有草神，树有树神，千百年来，无数个世代，人类一直将树木视为智慧的来源。在台湾，人们将树龄高且巨大的树木奉为神圣之物，以红布圈围，建祠祭祀。而原住民的树木祭，用祭树神的方式来祈求神灵保佑小树能够顺利成长，体现了生命的本质，也是人与神之间的纽带。然而，树木与人类的这层关系并非只字片语可以论述的。无论在古代还是近代历史上，它们都扮演着非常重要的角色。

生活中，树木无所不在。无论是在森林、都市、乡镇、海滨还是河岸，其实都不难发现它们的美，只是我们始终还是与它们保持着距离，很多时候会无视它们的存在。只有在某些时候，树一下子被繁花挤得看不见叶子，或是空气中弥漫着花香，才会发现"原来"它们这么美。

《原来乔木这么美》放弃了许多极具观赏价值的树种，原因在于栽培种与原种之间产生的不确定性容易造成误解，所以不得不割舍。在本书中，从原生树种、乡土特色树种、宗教圣树到足以引起纷争的树木，每一种树木都有属于自己的故事与魅力，期望与您一起走进它们的世界，发现它们独有的魅力。

推荐序 | FOREWORD

台湾雪霸国家公园解说志愿者

Vivian Li

"谷地森林绿叶扶疏，空气中飘散着些许硫黄味，沿着河岸行走，森林边缘的蔓藤石月从一棵树攀缘跨过另一棵树，而草皮上的圆锥花形成一小片花海……"（摘自内文）

看过许多植物图鉴书，共同的特点是有知识的传达、详细的信息和分类，一般用作识别植物的参考书。但是，这本书不一样，叶子把一本图鉴书写得像一本旅人游记，兼顾图鉴需具备的知性，也带有图鉴书所没有的感性，这是网络博物作家叶子的风格。

叶子，是"一个人与花草的生活"博客的主人，一个从 Xuite 开始的博物爱好者。和她认识，是从博客的相簿开始，叶子从田间小径到山林旷野，拍出小花小草的生命与美丽，一开始捕捉花的美丽，后来开始虚心地求解识花。一度以为她只是个单纯的摄影客，一个善于捕捉植物身上光影的达人，直到叶子开始写博客，我才发现，她所分享的不单单是漂亮的花朵，她也提供关于植物的知识，甚至融入个人的生活经验，放入了个人的童年回忆，也继承了博物学观察细致的传统。

在每篇文章背后，叶子都很认真地做了许多功课，所以能写出兼具知性与感性的文章。很高兴能为叶子这本书写序。在阅读本书中 47 种台湾乔木时，让我们一起享受将仰头探望的角度，换成低头翻页的轻松。相信通过本书叶子将带着我们轻松地走进森林，步入台湾乔木的世界。

推荐序 | FOREWORD

台中市清水区高东社区发展协会

总干事 蔡文能

　　叶子一如精灵般穿梭于花草间，先后出版了三本具有教育性质的书籍。一个人关怀土地、热爱生命、对周遭的人事和景物充满好奇，这样的宽怀心胸体现在字里行间以及运用镜头的角度等种种细节中，从中很容易感受到叶子丰富的情感和沛然的才华。

　　此次，叶子又一次振翅轻盈腾飞，周旋于层层树冠枝丫间，敏锐细腻地探看乔木之美，自其间汲取知识的芬馨，之后又辛苦地酿结成书，通过麦浩斯出版社，再次满足了粉丝们收藏经典的甜蜜愿望。

　　叶子解开了人与植物间沟通的密码，她一贯运笔如诗，文字清丽韵足，读来如文学篇章般严谨、丰厚与浪漫。叶子笔下字字生花，语句妙曼典雅，所写的花草树木的特性与美丽如同传记故事般充满趣味，更以专业的知识与繁华缮宴丰富了读者的感官及心灵。

　　乔木努力伸向天空与白云蓝天私语，忙于传递天地间生命的奥秘。在故事里，每一棵乔木的身世，都是抒情励志、美好寓意以及温暖正面的叙事，同时也呈现了各项美学技术指导下的镜头中的世界。

　　本书可以是精准剖析的图鉴，也可以是摄影技巧的范例，在阅读的同时也能接触多方面的知识，引发创意。现在就让叶子带领读者在俯身与仰望之际，谦卑地走进一个与花草树木对话的天地。

Volume 01 ——春

果实成熟如子弹飞

海漆

植物小档案

中文名：海漆
别名：水贼、水贼仔、土沉香（台湾地区）
学名：*Excoecaria agallocha* L.
英名：Blinding tree、Milky mangrove
科名：大戟科 Euphorbiaceae
花期：2 月 ~ 4 月
果期：5 月 ~ 9 月
原产地：太平洋热带地区

半落叶性乔木，树高 3 ~ 6 米，全株有白色乳液，具多数皮孔。

　　春节时期游客从四面八方涌入，享受着南湾临海段上的大海、阳光与沙滩。白沙洁净柔软，在阳光照射下有如闪亮金沙。避开人潮，沿着沙滩行走到海岸林缘，三星果在黄槿树上如幔延展，海岸旁低平的裙状珊瑚礁岩大大小小的坑坑洞洞中，藻类、鱼蟹及潮间带生物穿梭其中，生长在礁岩上的还有鹅銮鼻蔓榕、海漆。小小的海漆如缩小版的盆景，虽不雄伟壮观，但给人一种苍老古朴之感。

拍摄地点：垦丁南湾
常见地点：在台湾分布于西南部海岸河口泥质滩地，也见于恒春半岛珊瑚礁海岸林缘

一条条黄绿色的花穗，沐浴在阳光下，气质出众。

沉香木植物的树心部位若受到外力介入而受伤或受真菌感染刺激后，会分泌大量带有浓郁香味的树脂，这种树脂古代称为"琼脂"。一般说的沉香泛指沉香属（*Aquilaria*）植物所产的含脂木质，土沉香与沉香，虽然是不同种植物，但木材燃烧后所散发出的味道，也可以代替沉香，亦可作为建材、包装箱材料等。树木本身耐旱、耐盐、耐湿、抗风，适合作为园景树，尤其适用于滨海绿化。植物枝叶多具有乳汁，乳汁具有刺激性，接触皮肤会引起红肿，误入眼睛，危害更大。

果实成熟子弹飞

海漆在分类上为大戟科（Euphorbiaceae）海漆属（*Excoecaria*），此属有 40 种以上，分布于热带亚洲、非洲和大洋洲。属名 *Excoecaria* 由拉丁文 excoecare（意思是"变瞎"）而来，意指其汁液会使眼睛变瞎。海漆分布于亚洲、澳大利亚、波利尼西亚西部的热带滨海地区。在中国台湾分布于西南部沿海，在鱼塭土堤上很容易发现，又因能适应盐生环境，在台南四草一带，常见与湿地红树林伴生，也见于恒春半岛珊瑚礁海岸林缘，目前被归为易受害等级，为保护树种之一。

海漆为半落叶性乔木，分布于恒春海岸礁岩一带，呈灌木状，高度不及 1 米。往内陆林缘走，便可看到高达 4 ~ 6 米的大树。初次见到海漆椭圆形薄肉质叶片的人，很容易把它当作榕树，走近一看发现没有气根，才恍然大悟。

初春二月，乍暖还寒之际，在温暖的恒春海漆已进入花期，而西南部则晚一个月左右才开始开花。开花时成熟株会大量落叶，有些则少量落叶，花雌雄异株，雄花为穗状或总状花序，大量开花时，一条条黄绿色的花穗如八爪鱼般舞动，令人惊奇。雌花位于花序基部，它可没有雄花那般让人惊艳，这种安静沉稳的花朵，存在只为生命的延续。

夏秋季节，海漆开始结实累累，枝干上结成的籽会自动爆开来，并将籽喷溅入泥土。由于果实爆开时声响震耳，曾让纯朴的村民误以为有人持枪射击，因此在台湾南部地区的村庄里，老一辈长者常戏称它为"子弹树"。海漆也被南部乡民称为"水贼"或"水贼仔"，所谓的"贼"应是"漆"字的闽南语发音，非常有趣。

1

2

1. 海漆耐旱、耐盐、耐湿,能适应盐生环境,也是红树林的伴生植物。 2. 在海岸礁岩地区呈灌木状,高度不及1米。 3. 雌花萼片3,花柱3,分离,子房3室,顶端向外翻卷。 4. 叶互生,薄肉质,叶片椭圆形或阔椭圆形,全缘。 5. 单性花,雌雄异株,穗状或总状花序,腋生或顶生,无花瓣,萼片3。 6. 蒴果球形,直径0.8厘米,有3深沟,熟时暗褐色,分裂为3个小干果。

迎春绽放满树繁花

大果铁刀木

植物小档案

中文名：大果铁刀木
别名：红花铁刀木（台湾地区）、红花腊肠树
学名：*Cassia grandis* L.
英名：Coral Shower Tree、Pink Shower Tree
科名：豆科 Fabaceae
花期：4 月 ~ 6 月
果期：7 月 ~ 10 月
原产地：热带美洲

落叶大乔木，树高可达 10 ~ 30 米，树枝初有柔毛或光滑无毛。

　　为了放松心情，又或者想让自己的眼睛看到不同的城市景观，上下班时我总是喜欢走不同的路径。记得有一次上了中部的快速道路，在进入主路之前，眼角余光瞥见一树红彤彤的花朵，脑袋思索这究竟是什么花？回家时刻意绕到立交桥下一探究竟，才发现朋友跟我说的大果铁刀木原来就是长这样！想起前几年在彰化芬园看到成排挂着长长果荚的行道树，那时还想着花朵是什么模样，那些过往的疑惑，竟然在这一瞬间全都有了答案。

拍摄地点：台中南区
常见地点：台湾各地零星栽培为绿化景观树，偶见行道树

春天时满树繁花，暗红花苞缀以娇黄花蕊，交织成一片花海。

大果铁刀木是建筑、家具、雕刻用的上等木材，叶片、嫩豆荚和种子均可食用。在原产地，人们将黑色的果肉混入牛奶和面粉中，制成提神的甜点，据说可作巧克力的代用品。东南亚地区更将可利用部分的作用发挥到极致，在越南，人们将种子加糖熬煮后，加入茶饮中可助消化，而缅甸和泰国人则会用其叶片制作成咖喱酱，将烤好的牛肉配上鱼酱和这种咖喱酱，烹饪出经典美食。此外，其艳丽的花朵所制成的花环头饰，在泰国是尊贵的象征。

粉红阵雨树

"铁刀木"一名之由来，是因木质坚硬，连铁刀也不能轻易破开树干。提到铁刀木，很多人会联想到明亮的黄色花朵吸引着大批黄蝶的铁刀木。不过中国台湾并不产铁刀木，铁刀木是 19 世纪末引进的树种，大果铁刀木引进的时间则较晚，约在 20 世纪初分别从印度尼西亚及夏威夷引进，后又多次引进，各地零星栽培为公园景观树，中南部偶见用作行道树。

该物种原产于热带地区，起源于墨西哥南部至南美洲北部委内瑞拉、厄瓜多尔、巴西等地，生长在低海拔森林中。分类上属豆科（Fabaceae）决明属（*Cassia*）落叶性大乔木。属名 *Cassia* 由该植物的希腊名 kassia 而来，种加词 *grandis* 意思为"大的、丰满的"，形容其果硕大。

大果铁刀木为一种特别的观赏植物，主干健壮，可长至 30 米，侧枝长伸，少分枝，枝条平展或斜伸。羽状复叶互生，嫩叶常带有淡淡的赭红，每一复叶有小叶 10 ~ 20 对，小叶长椭圆形，叶茎与叶片均被毛。

春末至夏季开花，总状花序自老枝伸出，花序轴可长达 30 厘米，花量非常多，花初开时为艳红色，后逐渐变为淡红色，最后再转变为橘红色，颜色多变。每朵小花直径约 3 厘米，花瓣卵形或圆形，正中央有一黄色斑纹，花蕊呈钩状，花药密布白色茸毛。夏秋季结果，果实圆柱形，很像腊肠，所以也称"红花腊肠树"。果实可长达 60 厘米，果实内部每室有一种子，每粒种子都有自己的隔间，亦有特殊的气味。

5

6

1.上位花瓣有一黄色斑块，雄蕊10枚，3枚下位花丝呈S形而较其他花丝长，先端呈厚纺锤形，花药密布白色茸毛。 2.果荚扁圆筒形，长30～60厘米，宽3.5～4厘米，果皮粗糙，沿着腹缝线有2条粗肋，背缝线厚。 3.花朵数枚腋生，呈总状花序，花序上密布茸毛，总花序轴长10～25厘米，花梗长1～2厘米。 4.树干通直挺拔，表层有细小皮孔，可见生长环痕。 5.花初开时为艳红色，后逐渐变为淡红，最后转变为橘红色。 6.羽状复叶互生，小叶10～20对，小叶长椭圆形，先端圆或钝，叶两面皆有茸毛，小叶柄无或甚短，具托叶。

银毛树

植物小档案

中文名：银毛树
别名：山埔姜、白水木、水草、白水草、
银丹
学名：*Tournefortia argentea* L.
英名：Silvery messerschmidia
科名：紫草科 Boraginaceae
花期：2 月～6 月
果期：5 月～8 月
原产地：热带亚洲、马达加斯加、马来
西亚、澳大利亚热带地区及太平洋诸岛

常绿小乔木或中乔木，树高 5～6 米，树形
优美，常见于庭园景观。

入冬，少了中央山脉的屏障，强劲的落山风吹向恒春半岛，刮出特有美景。沿着垦丁海岸往鹅鸾鼻方向前进，台地上方滚落至海边的古老珊瑚礁石矗立在海上。海岸上古老的石灰岩台地上，珊瑚礁岩星罗棋布，水莞花、臭娘子、苦林盘蔓延其上，靠近内陆的沙滩地中，矮小的草海桐花盛开，观景台上游客如织，形单影只的银毛树苍劲挺拔，衬着海上的船帆，显得特别优雅，只是匆匆过往的游客，总与它擦身而过。

拍摄地点：恒春南湾

常见地点：台湾南北两端沿海及兰屿、绿岛的海滨珊瑚礁或沙滩上

聚伞形花序上密生着小白花，花瓣细致如蕾丝，刚开时有淡淡香气。

台湾乔木笔记：
银毛树

银毛树具有耐干旱、适应性强等特性，常作为海岸第一线的防风树种，树形优美，更是优良的庭院景观树。在经济上没有特别的重要性，但在印度某些地区，人们会用它的叶片来做沙拉或蔬菜，味道有点类似香菜（芫荽）。在历史上，马尔代夫曾用来当救荒野菜，波利尼西亚地区则将其作为薪材使用。

美丽又坚强的海岸植物

凡是生长在海岸的植物，为了在烈日、盐雾、强风、飘沙及干旱等不利的环境条件下生存，在构造与形态上都需要较特殊的适应性特征。海岸植物常有两个特征：种子或果实具有浮力，耐海水浸泡且能漂浮而不丧失其生命力；在海水中长期漂浮后，一旦被冲上岸，其种子仍可立即发芽、生长，且主要以珊瑚礁岸为生长基质。

海滨地区的植物多半较为低矮，而越靠近内陆，植株越大，叶子不是布满茸毛就是非常光滑，例如紫草科（Boraginaceae）紫丹属（Tournefortia）的银毛树，就是叶片布满茸毛的典型海岸植物。属名源于法国植物学家 Joseph Pitton de Tournefort 的姓氏。

此属约有 150 种，分布于热带和亚热带地区。其广泛分布于热带亚洲，在中国台湾主要见于南北两端沿海及兰屿、绿岛等地，多生长于海滨珊瑚礁或沙滩上。全身除老枝外，均密被银白色茸毛，倒卵形的肉质叶片丛生于枝端，叶片因有银白细毛而呈灰绿色，肥厚的叶片可防止水分快速蒸散，银色茸毛则能防止盐粒伤害叶片组织，使其能在缺水干旱的海岸环境安然存活。

每年二月，台湾南部恒春一带便可看见较早开花的银毛树花朵，盛花期为三至四月，东北部一带则略晚于南部。花朵开在枝条顶端，白色小花有着淡淡香气，有些花朵会排成两列，像蝎子尾巴，我们称为"蝎尾状花序"。五至八月是银毛树的结果期，这时候白色小花变成绿色珠子，密密排列在一起，成熟时呈白色或浅绿色，具软木质，依靠海水传播。

1

2

3

4

5

1. 花顶生，白色或略带浅粉红，排成两列，花萼、花冠 5 裂，径约 0.5 厘米，雄蕊近无柄，子房 4 室，柱头两裂。2. 果实为球形核果，直径 0.5～1 厘米，初呈深绿色，成熟颜色渐转淡，最后终至白色或浅绿色，具软木质，能通过海水传播。 3. 叶轮生，密集排列于枝条顶端，全缘，倒卵形或匙形，肉质，两面密布茸毛，叶片大，长可达 20 厘米。4. 枝条苍劲挺拔，具明显叶痕，树皮灰褐色，有银白色茸毛。5. 蝎尾状聚伞花序，顶生于枝条先端。

刹那芳华一日花

紫檀

植物小档案

中文名：紫檀
别名：花梨木、蔷薇木、檗木、青龙木、
黄伯木
学名：*Pterocarpus indicus* Willd.
英名：Burma coast padauk、Burmese rose
wood、Padauk、Rose wood
科名：豆科 Leguminosae (Fabaceae)
花期：4 月～5 月
果期：5 月～7 月
原产地：大洋洲北部和西太平洋群岛

落叶性乔木，树高可达 30～40 米，树皮黑
褐色，树干通直，树干直径可达 2 米，具多
数枝条，树枝斜上升状。

　　梅雨季节，天空常是一色的灰，路面偶尔还积着冷冷的水。走在城市一段僻静的路上，雨后树干的颜色黑得像夜，满树金黄花朵绽放，联结成一个喜悦的符号。这个时节，总让人魂牵梦萦地等待。这天若是空气中隐约飘荡着淡淡香皂味，就能确定树上出现花的踪迹或地上洒满一地金黄。紫檀花期不定，遇上了总是轰轰烈烈。流连徘徊于花树下，当微风拂过，细柔花雨纷落，宛若置身仙境。

拍摄地点：台中市南区，兴大路
常见地点：台湾低海拔地区常被栽植为景观树、行道树

黄花之美，美在花期极为短暂，昨日开来今日落，美在刹那芳华。

台湾乔木笔记：
紫檀

紫檀树性强健，成长快速，绿荫遮天，树冠大，遮荫性佳，经多年推广，在台湾已成为全岛各地公园、校园、庭园、重要的美化树树种和行道树树种。其木材质坚实细致，色彩殷红，具特殊光泽，有美丽的回旋斑纹和条纹，又具香气，可说是世上最高级的木材之一，专用于装饰或制作贵重器具与雕刻等。树脂与木材的煎汁有收敛性，可供药用。在许多国家，如巴布亚新几内亚、所罗门群岛，民间传统上用紫檀树皮煮水，当成泻剂使用。

黄了树冠，幽香不散

　　紫檀植物分类学上为豆科（Fabaceae）紫檀属（*Pterocarpus*），该属共有约 30 种，分布于热带地区。属名 *Pterocarpus* 由希腊文 Pteron "翅" 和 Karpos "坚果" 组合而成，意指其圆形荚果周围具有宽阔而坚硬的翅。紫檀分布于大洋洲北部和西太平洋群岛，包括中国大陆、印度、菲律宾、马来西亚、缅甸、巴布亚新几内亚、所罗门群岛、泰国和越南。原生的紫檀因人为采集受到严重威胁，在越南、斯里兰卡和马来西亚半岛都有灭绝的可能。

　　紫檀是七大花梨木树种之一，在台湾地区俗名叫 Narra（纳拉）。台湾自 19 世纪初多次引进，早年引进栽植于嘉义中埔和旗山竹头角一带。木材剖开会流出紫红色汁液，故名紫檀，亦有 Rose wood（蔷薇木）之称，《植物学大辞典》称它为青龙木，《松树植物名录》叫作黄柏木。

　　紫檀为落叶乔木，树高可达 30～40 米，生长迅速，树皮黑褐色，树干通直，枝条平展，树冠层次分明。叶片为羽状复叶，清新翠绿，叶形优美，随着四季气候变化变换不同的景致，冬天时叶子会掉到一枚都不剩，让整棵树看起来像是枯枝一般，别有一番萧瑟的美感。

　　紫檀树木高大，在台湾花期因种植地区而有所不同，花期不定，花开花落迅速无常，如梦幻泡影。一般自四月至五月开花，花朵为黄色，花冠直径约 1 厘米。花开于顶端，由于花期短暂，有"一日花"之称。不开花时常让人忽略，但若盛开时，小而美的花还是会以量取胜，并伴随着淡淡香皂味。

　　花为蝶形花冠，五瓣排列，如蝴蝶形，最上方的花瓣特别大，称为旗瓣，位于外方，旁边两瓣略平行，称为翼瓣，下面一对在底缘合生，称为骨瓣。花期过

25

1.叶为奇数羽状复叶，长
15～35厘米，小叶互生，5～
12枚，卵形或长椭圆形，先
端锐或尾尖，叶全缘略有波浪
状。

2.花期相当短暂，只有2～3
周，最长也只有1个月，短暂
绽放芳华，因此有"一日花"
之称。

3.总状花序，顶生或腋生，组
合为一圆锥花序，花小，常以
量取胜，花冠黄色，具香味。

4. 冬季落叶，叶子会掉到一枚都不剩，让整棵树看起来如同枯枝。

5. 荚果扁圆形，大小有 4 ~ 5 厘米，中央内藏种子 1 粒，状似荷包蛋。

6. 成熟荚果褐色，外缘有一圈平展的翅，可凭借风来帮助种子传播。

4

5

6

后，五月便开始结果，荚果扁圆形，中央肥厚，藏有 1 粒种子，而荚果的外缘有一圈平展的翅，犹如飞碟般，可借助风来传播种子。

假黄皮

植物小档案

中文名：假黄皮
别名：番仔香草，过山香（台湾地区）
学名：*Clausena excavata* Burm. f.
英名：Curved leaf wampee、Taiwan wampee
科名：芸香科 Rutaceae
花期：3 月 ~ 4 月
果期：7 月 ~ 9 月
原产地：中国台湾、小琉球、印度、马来西亚

落叶灌木或小乔木，树高 1 ~ 6 米，具有多数枝条，小枝条及叶片常具有黄樟油精的气味。

　　恒春的春天很阳光，这个时期是植物生长的旺季，群树新叶齐萌，让社顶公园生趣盎然。走进步道，铁色、台湾树兰、止宫树，令人有种熟悉感；悬星花在这里依旧长得很好，不久就会开出如紫色星星般的花朵，摘取一旁灌木歪斜的叶片，揉碎后，萦绕在指尖的味道让人欣喜，这种独特的诱惑，正是出自恒春至宝——假黄皮。

拍摄地点：垦丁社顶公园
常见地点：常见于恒春半岛季风林中，中南部低海拔先驱林亦有自生，偶见栽培作景观树

小巧的黄绿色花朵玲珑有致，如果你观察入微，花朵的世界其实非常迷人。

台湾乔木笔记：
假黄皮

喜欢爬山的人都对假黄皮有一种爱恋，对于旅途劳累的人来说，这种植物颇有提神醒脑的效果。在恒春一带，原住民常将其用来治疗蛇咬、蜂螫的野外急救药草，而西拉雅族原住民将其视为神圣的植物，用来制作花环。假黄皮是难得一见的木本药材，除了是有名的治疗蛇咬伤的药物，其实亦芳香可食，果肉味甘美，而心材可制作小型农具。近年来，为发展地方特色，人们也利用其特有的香味提炼精油，并加入檀香和薰衣草精油，开发出乳液，综合成独具特色的香气。

林下的珍珠玛瑙

芸香科（Rutaceae）有 160 属 1700 余种，广泛分布在全球热带和温带地区。其中最具有经济价值的属柑橘属（*Citrus*）。说到柑橘类，可能大家就不那么陌生了，其中包括橘子、橙子、柚子、柠檬、葡萄柚等，此外，常见的园艺栽培植物月橘（七里香）也是此科成员。

黄皮属（*Clausena*）的假黄皮，在台湾地区叫作过山香，这个名字常给人莫大的想象空间，或许是因为芸香科植物多具有芳香气味。黄皮属在台湾仅有三种，属名 *Clausena* 是为了纪念丹麦神父、博物学家 Peder Clausen（1545-1614 年）所作出的卓越贡献。

假黄皮分布于印度至马来西亚，直至中国台湾，为典型的热带植物。在台湾分布于恒春半岛和小琉球，中部低海拔先驱树林内亦有其踪迹，偶尔在公园或是高速公路服务区也能看到栽培为景观树。假黄皮为落叶灌木或小乔木，树高可达6 米，枝条多数，枝叶浓密，羽状复叶集中于枝条顶端，叶片镰刀形，小枝条及叶片具有黄樟油精，香味浓郁持久不易散失，因而又有"番仔香草"之名，香味有点类似槟榔经过咀嚼后的味道。

春末开花，呈顶生的圆锥花序，小而多数，花朵黄绿色，认真说来并不具有观赏价值。花期过后，到八九月果熟时，一粒粒粉红色果实缀满枝头，与绿叶形成强烈对比，晶莹剔透，如珍珠玛瑙般漂亮，这也使它成为具有观赏价值的树种。果实芳香可口，可生食，只是成熟浆果不可多食，否则会产生头晕或中毒现象。

1

2

1. 叶互生（近对生），奇数羽状复叶，长 20 ～ 50 厘米，小叶 15 ～ 30 枚，排成两列，长椭圆形至镰刀形，先端渐尖或短渐尖，全缘。2. 圆锥花序，顶生，花序长 10 ～ 30 厘米，花小形，多数。3. 黄色或淡黄绿色，花径不及 1 厘米，花瓣 4 枚，雄蕊 8 枚。4. 花药卵形，子房 4 室，无毛，基座和上部周围具有腺体。5. 果实为浆果，肉质，椭圆形，果径 1.5 ～ 1.8 厘米。（图中为未熟果）6. 熟果呈淡粉红色，内含种子 1 枚，球形，平滑，绿色，富含油料。

花开为度的四季之树

刺桐

落叶乔木，树高6～20米，树干及枝条上长有小硬刺。

植物小档案

中文名：刺桐
别名：刺桐树、桐仔树、梯枯、鸡公树
学名：*Erythrina variegata* L.
英名：India coral tree、Tiger's claw
科名：豆科 Leguminosae (Fabaceae)、蝶形花亚科 Papilionoideae
花期：4月～5月
果期：7月～9月
原产地：亚洲热带地区及太平洋群岛

　　春天的哈玛星很迷人，船渠景观桥跨架水面上，像一弯新月。骑着小绵羊，从鼓山搭上渡轮，海风徐徐吹拂，让人体会到港边的悠闲。几分钟后，渡轮缓缓停靠码头，我便随兴在大街小巷穿梭。阳光炙热，这时节不像春天，倒像夏天来临。一个右转，忽然遇见成排的刺桐，花开如火。已经很久没见过这种景色，内心有如施放国庆烟花般雀跃。原来，人生在不经意处转弯，总有非预期的风景出现。

拍摄地点：高雄旗津
常见地点：在台湾分布于海边及滨海附近山麓地带，作为绿化树、景观树或行道树普遍栽植

满树红花捎来冬去春来的喜讯，蓝色的天空与火红的花朵相映，美得动人心魄。

台湾乔木笔记：
刺桐

刺桐耐风、抗盐，作为绿化树、景观树或行道树普遍栽植。早期原住民无历法，常以周围景物的变化作为季节变换和生活作息的依据，如《番社采风考》中描述："番无年岁，不辨四时，以刺桐花开为度。"男人整理竹筏、渔具，准备在祭海之后出海捕鱼，而平地部落也会举行盛大祭祀典礼祭祀祖灵，迎接丰年。刺桐花开时，原住民便会开始准备一整年的农事，当地甚至将其作为预测作物丰歉的指标树种。除了四季分明的特性之外，粗大的树干可用作谷仓隔板，以防止老鼠肆虐，原住民还用来制作捕鱼的渔网浮子和蒸煮米饭的蒸斗，甚至用于制作板凳或当薪材使用。

百朵红蕉簇一枝

　　1775 年（乾隆四十年），知府大人蒋元枢刚抵台湾府。当时，台湾府的"城"有七座城门，台南郡未建时，城门与城门之间的城郭（城指内城的墙，郭指外城的墙）仅以刺竹围成，再加上杉木围栅，后来，蒋元枢为了加强防御工事又围植刺桐，主要是因为刺桐枝身有刺，可作藩篱。台南旧城因此得名为"刺桐城"。

　　刺桐为豆科（Fabaceae）蝶形花亚科（Papilionoideae）刺桐属（*Erythrina*）落叶乔木。全世界刺桐类植物约有 200 种，分布在全球热带和亚热带地区。*Erythrina* 属名由希腊文 erythros（意思是"红色"）而来，意指其花朵鲜红艳美。种加词 *variegata* 意为"杂色的"。分布于亚洲热带地区及太平洋群岛的珊瑚礁海岸，因枝干上的刺像极了老虎爪，所以也称为 Tiger's claw。在中国台湾主要分布于南部和离岛的兰屿、绿岛，滨海山麓地带常可见其踪迹。

　　刺桐树高大而枝叶繁茂，秋冬绿叶掉光后，来年四月先开花后展叶，绽放出火红的花朵，令人惊艳。刺桐花自古以来便吸引文人墨客注目，如清朝台湾府海防补盗同知孙元衡曾著诗："百朵红蕉簇一枝，偶然着叶也相宜。烟笼绛羽鹦哥舞，信是春城火树奇。"孙元衡来这里时，营署外植满刺桐花，花开时城外一片火红，诗词通过"绛羽"、"火树"等诸多火红的意象，让当时有刺桐城之誉的府城呈现出更鲜明的地方色彩。

　　刺桐也是台湾地区许多旧地名的来历，只要有刺桐树的村庄，就可能被取名为"刺桐脚"。随着时代演变，许多旧地名已不复存在，但仍有部分乡镇名保留下来，如云林县的刺桐乡和屏东县的刺桐脚等。

1

2

3

4

5

1. 树干灰白色，树皮有凹凸纹路，枝干上布满瘤状物，易脱落。 2. 三出复叶互生，顶小叶宽卵形，长宽 10 ～ 15 厘米，先端凸尖，小叶柄基部各有一对蜜腺。 3. 先开花，再长绿叶，秋冬绿叶掉光时，另有一种沧桑之美感。 4. 花鲜红色，花萼开裂，10 枚雄蕊形成二体雄蕊9 枚连生，1 枚分离。 5. 总状花序，开花后展叶，花常群聚密生。

台湾四大树王公

秋枫

植物小档案

中文名：秋枫
别名：加冬、红桐、茄苳（台湾地区）、赤木、重阳木
学名：*Bischofia javanica* Bl.
英名：Autumn maple tree、Red cedar
科名：大戟科 Euphorbiaceae
花期：1 月～ 3 月
果期：8 月～ 3 月
原产地：中国大陆和台湾地区、日本、印度、澳大利亚、马来西亚、缅甸、老挝、泰国、越南、菲律宾、柬埔寨、波利尼西亚

台东县台九线下宾朗部落北端，有一条美丽的秋枫绿色隧道，据说原本有 20 多公里长，从台东市郊一直延伸到台东县鹿野乡。

　　从高雄进入南回公路到台东，艳阳高照犹如夏天，沿途良田景色秀丽。二期稻作收割后，农民习惯烧稻草减少病虫害，也让乡野间有了不同的味道。行经宾朗部落，眼前的绿色隧道让人欣喜，古老的行道树形成绿色隧道，绿树掩映，浓荫蔽天。据传日本殖民统治时期，日本人想建立有掩蔽效果的战备道路，曾种植绵延二十公里的秋枫。这些年代久远的参天老树，有些树龄甚至有一甲子以上，犹如环境绿化的活古董，令人心生景仰。

拍摄地点：台东宾郎路
常见地点：广泛分布于海拔 1500 米以下之山野或海边

雄花萼片 5 枚，雄蕊 5 枚，花丝短，着生于退化雌蕊的周围。

落叶大乔木，树干粗糙不平，有瘤状凸起，树皮赤褐色，呈层状剥落。

台湾乔木笔记：
秋枫

午后，巷弄内传来响亮的叫卖声："来哦！好吃的土窑鸡、蒜头鸡、四物鸡、茄苳鸡……"引发了我的好奇。茄苳是什么？地名、器具、草药？高雄市有茄萣区、台南后壁有顶茄苳和下茄冬，彰化县花坛乡与屏东县佳冬古名都是"茄苳脚"，而"茄苳溪"这样的小地名，看来也和茄苳有关。秋枫在台湾地区称为茄苳，其木材可供建筑、桥梁、车辆、船舶、枕木等用途；树冠幅广，也是优良的行道树；果实成熟时，味甜可食，更是许多鸟类喜食之野果。

　　落叶大乔木，树干粗糙不平，有瘤状凸起，树皮赤褐色，呈层状剥落。

始祖神话中的秋枫树

　　在台湾原住民的神话中，有说始祖由太阳、巨石所生的，亦有说由动物、树果、树叶落地化而为人的。古时候哈莫天神摇晃枫树，枫树的果实掉落在地上，变成了人，就是邹族和马雅族人的祖先。后来哈莫天神又撼动秋枫树，秋枫果实掉落地上，也变成了人，那是布杜（汉人）的祖先。

　　秋枫为大型乔木，长成高大的树木时，树冠延展开阔，遮荫效果好，且与榕树、樟树、枫香一样，常可生长成巨木。民间相信凡巨大树木皆有神灵附着，常以红布圈围，甚至修祠盖庙，使之成为乡里村民膜拜的神树。如台中后龙里有一棵已经超过一千岁的秋枫，这棵罕见珍贵的千年老树，在当地被尊为"秋枫树王公"。

　　秋枫在植物分类中属大戟科秋枫属，属名 *Bischofia* 是为了纪念德国植物学教授 Gottlieb Wilhelm Bischof（1797-1854 年）。广泛分布于低海拔山野或滨海地区，因树干粗糙宛如历尽沧桑之长者，又名"重阳木"。叶片自叶柄端伸出三枚小叶，叶缘有钝锯齿，秋冬时叶片会转红，非常美丽，故又称为"红桐"。

　　花开于冬末至初春，雌雄异株，丛生在枝条的末端，雄花序多分枝，萼片 5 枚，雄蕊 5 枚，花丝短；雌花序常退化成单总状花序，雌蕊 1 枚，柱头 3 ~ 6 枚。秋枫花细小，淡黄绿色且无花瓣，虽然不具观赏价值，但果实成熟时一串串如葡萄般挂于枝头，非常壮观，也是许多鸟类冬天不可或缺的野果。

1

2

3

4

5

1.雌花序，分枝较小，常退化成单总状花序，雌花萼片卵形，早落，雌蕊1枚，子房3～4室，柱头3～6枚。2.雌雄异株，圆锥花序，腋生，花小，淡黄绿色，无花瓣，丛生在枝条的末端，图中为雄花序。 3.落叶乔木，三出复叶，互生，卵形，叶缘有粗钝锯齿。4.秋冬时节，叶片会转变成红色，故有"秋枫"之美称，红叶衬着绿叶非常迷人。 5.浆果，果径0.8～1.5厘米，未成熟时为青绿色，成熟时则为褐色，内有种子3～4枚，长圆形。

绿化树树种的最佳代言

南紫薇

落叶大乔木，树高可达 20 米，树干笔直。

植物小档案

中文名：南紫薇
别名：九芎（台湾地区）、九荆、南紫薇、
小果紫薇、拘那花、猴不爬、猴难爬、苞
饭花
学名：*Lagerstroemia subcostata* Koehne
英名：Subcostate crape myrtle
科名：千屈菜科 Lythraceae
花期：6 月～8 月
果期：7 月～10 月
原产地：中国大陆华中、华北、台湾地区

　　你知道吗？台湾有很多地名和南紫薇（台湾地区称为九芎）有关，新北市芦洲区有一个九芎里，新竹县有芎林乡，新埔有九芎湖，南投中寮庄土名有上、下九芎，嘉义永兴村原名九芎坑庄，而清朝知府杨廷理曾派人在宜兰城四周遍植九芎木，所以宜兰旧称九芎城。此外，乾隆元年（公元 1736 年）由广东省镇平县林丰山、林桂山兄弟率领乡亲至美浓开垦，之后涂百清开垦横山以东的龙肚，刘玉衡与乡亲辟建竹头角、九芎林等庄，可以想象当时台湾从南到北低海拔地区到处是九芎林，或遍植南紫薇的景象。

拍摄地点：南投奥万大森林游乐区
常见地点：台湾低中海拔林缘开阔地

南紫薇花形小巧，花瓣皱曲，犹如仕女裙摆的花边，细致可爱。

《台湾府志》记载："烧柴之最者，村落草屋用为竖柱。"南紫薇木材燃时长、燃烧值高，自古就是一种良好的薪材。农民在农事之余上山砍伐，以斧头劈成片状贩卖，为台湾农业社会时代最受欢迎的燃材。又因木质坚硬可防虫蚁蛀，过去常用来制作房子的梁柱和农具，近代则常被用来制作拐杖或雕刻艺术品。除此之外，南紫薇对土壤要求不高，以干打桩，基部容易生根发芽且成长快速，也是水土保护的优良树种，除了可以稳固土体，更可以在短时间达到绿化效果。目前台湾地区推广以原生树种栽植绿化，它更是最佳的选择。

南紫薇的不朽传奇

《噶玛兰厅志》记载："一名九荆，村落草屋用以为柱，入土不朽。"九芎木入土前以火烤木材基部，防止白蚁或蛀虫入侵，这是先民利用植物的智慧。《淡水厅志》其后补充"又有紫荆"，说的就是同属的紫薇。中国大陆称为"苞饭花"，如《植物名实图考》提到，山中小儿取其花苞食之，味淡微苦，有清香，可以为证。

南紫薇在分类上属于千屈菜科紫薇属，属名 *Lagerstroemia* 是为了纪念瑞典东印度公司董事长 Magnus von Lagerstroem（1802–1870 年）。此属约有 55 种，主要分布于亚洲东部至南部和澳大利亚北部。南紫薇产于中国台湾、大陆华中和华北地区，台湾地区普遍生长于低中海拔林缘开阔地或崩塌地。

南紫薇树干笔直，老树皮会硬化成壳状剥落，新生的树皮滑嫩鲜红，且茎干表层具蜡质，就连灵活的猴子都难以爬上去，民间称它为"猴不爬"、"猴难爬"。

汉民以木为柱，而阿美族人发展出独特的 Palakaw（巴拉告）方式来捕鱼，他们用竹子、笔筒树树叶和南紫薇枝干等制成一个三层结构物，放入水塘。一段时间后，等鱼虾在其中聚集，提出水面即可轻松捕得。此外，鲁凯族人在男女双方订婚时，女方会要求男方上山砍南紫薇木，为表示尊敬女方，必须粗细、长短相同，且木材两端仅只能各砍二刀，斜砍成三角形状；捆绑约十捆以上，送至女方家，经女方族中长老查验合格后，订婚仪式才算圆满结束，这就是鲁凯族人的"聘礼木"。

夏季南紫薇叶子茂盛，此时也正是其开花时期。酷热的天气里，铺满枝梢的小白花带来一些消暑气息，花数多而密，花朵小巧迷人，花瓣皱曲，犹如仕女裙摆的花边，非常细致可爱。秋初果熟，具有狭翼的种子可以飞行传播。秋冬之时，南紫薇更是少数具有枫红现象的树种之一。

1

2

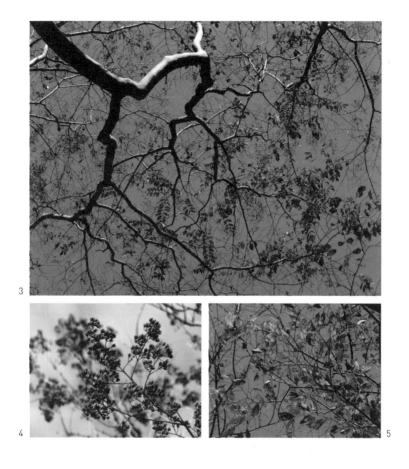

1. 叶柄短，膜质，互生或对生，卵形至长椭圆形，长 1.5 ~ 7 厘米，宽 1 ~ 2.5 厘米，两面平滑，侧脉 3 ~ 10 对。 2. 圆锥花序顶生，花密生，萼钟形，花瓣 6 枚，白色的花瓣皱缩，花丝长短不一，花数多而密，雄蕊数多，内 5 ~ 6 枚特长。3. 老树皮似动物蜕皮般硬化成壳状剥落，新生的树皮滑嫩鲜红，宛如无皮状，茎干表层具蜡质。4. 蒴果长椭圆形，长 0.6 ~ 0.8 厘米，种子小，具有狭翼，利于飞行传播。 5. 深秋枫红之际，也是南紫薇绿叶转红的时节，南紫薇是山林间少数具有变色叶的植物之一。内有种子 3 ~ 4 枚，长圆形。

低海拔最美的变色叶树种

乌桕

植物小档案

中文名：乌桕
别名：乌臼、鸦臼、木蜡树、桩仔、琼仔
学名：*Triadica sebifera*
英名：Tallow tree
科名：大戟亚科 Euphorbioideae
花期：4 月～6 月
果期：8 月～12 月
原产地：中国大陆黄河以南地区，北至陕
西、甘肃，南至广东、越南，往东至浙江、
福建一带

半落叶乔木，树高可达 15 米，树皮黑褐色，
树干有明显的纵裂痕，全株具有乳汁。

　　沿着马场路高耸的大王椰、黑板树、榕树夹道，辗转进入寺山路，
游客的声音便缓和了下来。艳红的九重葛、橘色的马缨丹耐不住性子翻
出了墙外，隔着马路，一旁的红土田地上种满了菠萝，转头便是另一个
不同的世界。凤凰木落叶，宣告秋季到来，几棵山樱花嗅到了秋意，突
如其来开了几朵粉红花朵。走过夏秋，枫香叶色还没转变，倒是沿途的
乌桕已换上红艳艳的盛装，尽情向蓝天挥舞着，展开这一季的华丽舞会。

拍摄地点：台中后里马场
常见地点：台湾全岛平地至低海拔山区

树形优美，秋冬时节叶由绿转红，犹如彩妆大师将大地点缀得美轮美奂。

台湾乔木笔记：
乌桕

陀螺在农业社会是儿童重要的玩具，而乡间儿童也大多具有挑选制作陀螺材料的能力。在南台湾恒春地区，关于制作陀螺的树种优劣，还有这么一句村谚："一樟、二琼、三埔姜、四苦楝。""琼"指的就是乌桕。白色腊质的假种皮可提取硬脂酸和油酸，可作为燃油、蜡烛、肥皂的替代品，叶可作黑色染料，拿来染发或蓝染布料。其木质细密有弹性，常被制成砧板、雕饰及家具，曾是早期定居者的重要资源。乌桕树形十分优美，秋冬时节叶由绿转红，是台湾平地少见的变色树种，常被栽植为观赏树、行道树，果实成熟时亦是诱鸟树种。

文人墨客吟咏歌颂

乌桕属是大戟科下的一个属，共有 125 种，多为灌木或乔木。中国台湾有 2 种，另一种为白桕，主要分布于热带地区。乌桕的拉丁学名中，种加词 *sebifera* 意思是"含蜡质的"，指其种子外的假种皮富含蜡质。

乌桕古名为"乌臼"，明代李时珍《本草纲目》描述："乌喜食其子，因以名之⋯⋯或曰，其木老则根下黑烂成臼，故得此名。"此种植物的名字由来，推测可能与乌鸦有密切的关系，但也可能是因为树老后根部会烂成臼状。随着时代变迁，人们在臼字旁加上木字边，演变成今日的"乌桕"。

乌桕原产于中国大陆和越南，清代时期由闽、浙随着移民引入台湾。其栽培利用有记载于《齐民要术》及《农政全书》中："收子取油，甚利于民。"乌桕种子外被白色蜡状物质，称为"皮油"，种仁榨出之油称"清油"。乌桕为重要经济树种，早年政府甚至还特别奖励人工栽植，直到日本殖民统治时期，其经济价值才逐渐被工业制品取代。今日在台湾全岛低海拔地区仍普遍可见。

乌桕为落叶乔木，树高可达 15 米，具乳汁是大戟科特色之一。四至六月开花，雄花在上，雌花位于下部，花朵黄绿色且细小，观赏价值甚微。秋冬之际，乌桕叶片颜色变化极大，同一植株上可见深绿、釉绿、黄色、褐色、橙黄色、紫色与红色，为低海拔地区最被称颂的变色叶树种。无数文人墨客争相吟诵，如七言律诗《冈山树色》："丹枫乌桕半残烟"，描述高雄大冈山上乌桕的色彩变化。秋后结果，蒴果成熟裂开，露出的白色种子犹如爆米花，吸引各种鸟类前来觅食。

1

2

3

4

5

1.穗状花序，长5～10厘米，雄花每3朵簇生于一苞内，雄蕊2～3枚，雌雌花位于花序基部。
2.叶互生，膜质，菱状卵形，长5～9厘米，先端短锐尖，基部锐形，全缘，叶片基部有一对腺体。3.蒴果倒卵形至球形，直径1～1.5厘米，初为绿色，成熟时黑色，外覆白色蜡质。
4.蒴果成熟时3裂，含种子3枚，种子外被白色蜡质假种皮，乍看很像爆米花。5.叶片在秋季时会转为红、橙、紫、褐、深绿、釉绿，落叶前再变成橘红或红色，非常漂亮。

南洋楹

植物小档案

中文名：南洋楹
别名：摩鹿加合欢、马六甲合欢（台湾地区）
学名：*Albizia falcataria* (L.) Fosberg
英名：Adenanthera falcataria、Albizia
falcataria、Paraserianthes falcataria
科名：豆科 Leguminosae (Fabaceae)
花期：4 月 ~ 6 月
果期：7 月 ~ 10 月
原产地：马来西亚马六甲群岛与印度尼西
亚马鲁古群岛

南部低海拔地区常作为造林树种使用，可以
迅速在潮湿环境中成长。

　　初夏时的南部温度宜人，从关山回程时遇见一棵开花的树，可惜天色已昏暗，只能抱着一颗期待的心，隔天一早再走上一回。黎明时分，晨曦初现，沿着昨日来时路，幽幽山路曲折蜿蜒，每过一个弯道就能远眺湖光景色，湖水绿波荡漾，仿佛看不到尽头。随着时间堆移，阳光推开云雾，露出湛蓝无瑕的天空，昨日遇见的那棵树，原来早已满树白花。

拍摄地点：台南南化水库
常见地点：在台湾普遍见于南部低海拔山区，常用于造林，偶见公园、校园栽植

南洋楹的花瓣不显著，却拥有细长花丝，在风中温柔款摆。

台湾乔木笔记：
南洋楹

南洋楹是热带地区能够快速生长的树种之一，为速生造林树种，在许多热带国家常作为咖啡园与茶树园的遮荫树。木材柔软且纤维均匀、纹理直、色泽鲜艳、重量轻，适合加工成复合材料，如轻质木心板。叶片可当作饲料，树皮可用于制作火柴和火柴盒，并且可替代松木作为纸浆来源。合欢属的观赏花卉在台湾相当常见，如乔木类的大叶合欢、灌木类的南美合欢、香水合欢、苏里南合欢等，花色艳丽，常用来象征忠贞不渝的爱情。

植物赛跑家

野史相传，合欢树最早叫苦情树，也不会开花。有位秀才寒窗苦读十年，准备进京赶考。临行时，妻子指着苦情树对他说："夫君此去，必能高中。只是京城乱花迷眼，切莫忘了回家的路。"多年过去，秀才从此杳无音信，妻子即将逝世时，走到那株见证她和丈夫誓言的苦情树前，用生命发下重誓："如果丈夫变心，从今往后，让这苦情开花。夫为叶，我为花，花不老，叶不落，一生不同心，世世夜欢合。"说罢便气绝身亡。第二年，苦情树果真都开了花，粉粉柔柔的，像一把把小小的粉扇挂满了枝头，只是花期很短，而且从那时开始，所有的叶子都应验誓言般，随着花开花谢，晨展暮合。

合欢属（*Albizia*）有100～150种，广泛分布于热带和亚热带地区，包括亚洲、非洲、马达加斯加、中美洲、南美洲、北美南部和澳大利亚，大多数物种来自东半球热带地区。属名 *Albizia* 是为了纪念1749年将合欢引进栽培的佛罗伦萨贵族 Flippo Degli Albizzi。

南洋楹原产于马来西亚马六甲群岛与印度尼西亚马鲁古群岛（旧称"摩鹿加"群岛），是世界知名的速生树种，一般四五年即可砍伐利用，在原产地树围年生长可达到10厘米左右，因此在热带地区拥有"植物赛跑家"的美誉。1901年由藤根氏初次引进，1938年又由日本植物学者佐佐木氏陆续引进台湾地区。

南洋楹常绿大乔木，树冠宽广，树形高大，与其他树木相较犹如非洲大草原中矗立的树木，相当显眼。二回羽状复叶，小叶基部歪斜，乍看很像凤凰木。花于初夏盛开，花序呈圆锥状，小花繁多，花萼筒状，黄色钟形花冠上有乳白色细长花丝，盛开时如焰火般耀眼炫目。果实为荚果，大而直，看起来很像大型的豌豆，只是没有豌豆那样饱满。

1.树干笔直，具有皮孔。

2.常绿大乔木，树高可达45米，拓展性强，常与其他物种相互竞争。

3.花萼筒形，花冠钟形，5裂，黄色，雄蕊多数，花丝乳白色且细长。

4

5

6

4.二回羽状复叶，羽片 6 ~ 20 对，基部有一对腺体，小叶 6 ~ 30 对，椭圆形或长椭圆形，先端锐尖，基部歪斜，叶表膜质，全缘。5.果实为荚果，阔线形，革质或木质，成熟时褐色，内含多数卵形种子。6.侧枝平展，树冠呈椭圆形或圆形，花序生长于枝条先端，呈圆锥状。

古老药典中的草药之名

美丽溲疏

落叶灌木或小乔木，树高 2～5 米，枝条斜向上生长。

植物小档案

中文名：美丽溲疏
别名：常山、白埔姜
学名：*Deutzia pulchra* Vidal
英名：Evergreen deutzia
科名：虎耳草科 Saxifragaceae
花期：4 月～ 6 月
果期：6 月～ 10 月
原产地：中国台湾、菲律宾

　　清水溪谷地中，一处平原与山麓交界处，远处青山与袅袅白烟构成动人的风情画。谷地森林绿叶扶疏，空气中飘散着些许硫黄味。沿着河岸行走，森林边缘的蔓藤石月从一棵树攀缘跨过另一棵树，而草皮上的圆锥花形成一小片花海，让人停驻。岸上，硫黄味夹杂着其他的味道飘来，原来一旁正是满树绽放洁白花朵的美丽溲疏！

拍摄地点：宜兰清水地热
常见地点：台湾全岛低至中高海拔山区林缘、路旁或河床地

花朵数量多，香味清淡，色泽洁白，极其优雅。

台湾乔木笔记：
美丽溲疏

弓箭是原住民原始的狩猎武器，而射日神话里的弓箭，在布农族狩猎文化中占有很重要的地位。一个优秀的猎人，必须有属于自己的弓箭，布农族人以梅树来做弓身，弓弦用麻编织成的绳子制成，在过去铁器还未传入的时代，箭镞则是取美丽溲疏或山漆木材来制作，可见其木材之优良。美丽溲疏花果皆美，在台湾有少数地方如宜兰传统艺术中心用它来作景观树，更有人将其花果枝条作药材使用，作为草药在传统医学上也占有一席之地。

古老的草药

许多人不理解"溲疏"为何意，甚而误以为是一种古雅名称。"溲疏"一词最早出现于《神农本草经》。其中载："溲疏，味辛，寒……生山谷及田野旧墟地。"其实"溲疏"原是古代一种不雅的俗称。中国植物学家夏纬瑛的《植物名释札记》对"溲疏"一名作了正确解释："溲即溺，即尿。溲疏之为药，能治遗尿，又为利尿之药，故以为名。"溲疏者，言尿之疏通耳，简单来说溲疏意为"尿通"，虽说是实至而名归，但将其用在白色素雅的花木上，确实让人有种大煞风景的感觉。

美丽溲疏属于虎耳草科（Saxifragaceae）溲疏属（*Deutzia*）。此属约有 60 种，原产于亚洲东部和中部，包括喜马拉雅山东部、菲律宾、中国大陆和台湾地区、日本等。大部分为落叶植物，部分亚热带物种为常绿植物，中国大陆拥有全世界最多的种类，约有 50 种。

美丽溲疏原产于中国台湾和吕宋岛。台湾各地低至中高海拔山区，包括宜兰大同与三星、苗栗观雾、台中武陵、南投清境一带都很常见，亦见于兰屿及绿岛等离岛地区。这种树木喜爱阳光，森林林缘、开阔地、新生地、崩塌裸露地及岩屑地，都能看见它的踪迹。落叶灌木或小乔木，树高可达 5 米，树皮终年呈现剥落状。叶对生，卵状长椭圆形，灰绿色，落叶前会变黄。

三至四月抽芽后，即进入开花期，花朵下垂，呈圆锥花序，串串生长于枝梢，花期长达 3 个月，花朵纯白色，偶尔可看见花瓣变为粉红色，具有清淡香味，让春天溢满芳香气息。夏至秋天结果，蒴果球形，尚未成熟的蒴果很像一颗颗小陀螺或插着蜡烛的灯座，模样讨人喜欢。

1

2

3

4   5

1. 单叶对生，厚纸质，卵状长椭圆形，疏细锯齿缘至近全缘，先端锐尖至渐尖，叶下表面被星状毛。 2. 树干及枝条都具有棱，树皮终年呈现剥落状。 3. 花多，白色或粉红色，呈顶生的圆锥花序，花瓣 5 枚，雄蕊 10 ~ 12 枚，花丝长短不一，具有清淡香味。 4. 蒴果半球形，果径 0.6 ~ 0.8 厘米，先端截断呈半圆形状，花丝宿存，很像一个个小陀螺。 5. 蒴果成熟时5 裂，种子多，微小，卵形或椭圆状，具棱。

台湾梭罗

中文名：台湾梭罗
别名：台湾梭罗木、梭罗树
学名：*Reevesia formosana* Sprague
英名：Formosan reevesia、Taiwan reevesia
科名：梧桐科 Sterculiaceae
花期：2 月～5 月
果期：6 月～10 月
原产地：台湾特有树种

常绿大乔木，树高可达 15 米，树皮略带黑褐色，具皮孔，性喜阳光充足之环境。

　　南回公路台 9 线贯穿台湾最南端，在南回公路开车行驶，沿途经过一片翠绿的卑南乡，转入太麻里至大武及达仁，一边是陡峭峻岭，另一边则是碧海蓝天，车子越往前走，海涛声也越远。在蜿蜒崎岖的山路上奔驰，眼前所见是由深浅绿色调勾勒出的印象派画作，令人赏心悦目。枫港溪蜿蜒穿过两岸高山，视野随着平坦的南回公路往前延伸，仿佛群峦叠层绵延至蓝天另一端。到了寿卡后，山林依旧翠绿，一处森林破空处，一株台湾梭罗正值花季，独立绽放。

拍摄地点：台九线寿卡

常见地点：台湾中南部海拔 100 ~ 700 米的阔叶树森林中，偶见栽培于植物园和园林中

白色小花盛开时，花朵如雪点缀，在风中摇曳，散发出一股迷人馨香。

台湾乔木笔记：
台湾梭罗

台湾珍贵稀有的特有树种，近年来，因低海拔地区受到急剧开发，原产地遭受严重破坏，这种原本生长在低海拔森林中的树木也数量锐减。台湾梭罗为优良的木材，木材质地轻、色白，适合制作成各种器具。过去，恒春地区之原住民利用其制造枪杆及刀鞘。此外，在夏天若是遇见它，就有可能见到同样珍贵稀有的台湾爷蝉，听到喳喳的蝉叫声。

东方历史上的植物猎人

台湾梭罗在植物分类上属于梧桐科（Sterculiaceae）梭罗属（*Reevesia*），该属共有 18 种，分布于喜马拉雅区至中国。历史上记载，自 1841 年开始，英国日渐成为世界上最强大的国家，《南京条约》的签订波及中国的一个重要领域——植物。第一个意识到这点的人是约翰·里夫斯 John Reeves（1774–1856 年），他是一位退休的茶叶检验员，也是成功的苏格兰植物猎人之一，在东方探索采集茶叶长达 19 年。属名 *Reevesia* 就是为了纪念他。

台湾梭罗为台湾特有种植物，自然分布于台湾中南部海拔 100～700 米的阔叶树森林中，为落叶乔木，树高可达 12～15 米。树冠丰蔚，枝条及叶片均被星状毛，叶片狭长且互生，春天时新叶犹如红枫，极具观赏价值。

春寒乍暖之时，在部分地区从二月起就能看到白色小花成团盛开的模样，有些则晚至四月前后。开花时期，花多且密集，顶生圆锥状伞房花序，远看就像洁白的小雪球，花朵如雪点缀，在风中摇曳，散发馨香。花白色，花瓣 5 枚，雄蕊筒细长，授粉后，花色由白变成淡黄色，直至凋谢，雌蕊柱依旧残留。

夏至秋季结果，果熟约在十月，蒴果木质化为咖啡色，具有五棱状，大小约 3 厘米，里面蕴藏带翅膀的种子，当蒴果成熟开裂时，种子就能借风力飞到远方，开始下一段生命旅程。

1

2

3

4   5

1. 花白色，花萼钟形，5 裂，外被星状毛，花瓣 5 枚，倒披针形，平阔，雄蕊筒细长。 2. 花
两性，花多且密集，花顶生，圆锥状伞房花序，花朵具清香。 3. 花朵凋零后，雌蕊柱依旧
残留，等待随后成为果实。 4. 叶互生，平滑，长椭圆形或倒披针形，长 8～12 厘米，先端
钝或锐，基部圆形，全缘。 5. 蒴果木质倒卵形，有五棱，长约 3 厘米，胞间开裂，种子下
方有翅。

抗盐抗旱的海岸原生树种

银叶树

植物小档案

中文名：银叶树
别名：大白叶仔
学名：*Heritiera littoralis* Dryand.
英名：Looking-glass tree
科名：梧桐科 Sterculiaceae
花期：4 月 ~ 6 月
果期：6 月 ~ 10 月
原产地：热带亚洲、太平洋诸岛

常绿乔木，树高可达 20 米，树形优美，为常见景观树。

　　若是无法抽空到郊区走走，坐落在城市中、地方开阔宛如绿洲的植物园，是我的另一项选择。雨后的高雄，曹公圳水流缓缓穿越城市，空气变得清新，被梳洗过的植物更显绿意，草地上绿草如茵，园区内树木错落、井然有序，红厚壳、台湾胶木、白树仔、玉蕊、水黄皮，形成不同的风景，几棵银叶树冒出了花朵，小巧的灰绿色花朵，像一颗颗铃铛，仿佛被风轻轻一碰就会叮当作响。

拍摄地点：高雄原生植物园
常见地点：在台湾地区分布于北部的基隆、贡寮、宜兰、台东、恒春半岛及离岛的兰屿、
　　　　　绿岛

春天是个温柔的季节，银叶树小巧玲珑的花朵，像一颗颗铃铛，仿佛让风轻轻一
碰就会叮当作响。

台湾乔木笔记：
银叶树

银叶树为台湾海岸地区原生树种，因植株树形优美、耐盐、抗旱，经推广成为环境绿化树种之一，也是优良的海岸防风树种。其木材坚硬，为建筑、造船和制家具的良材。果实外表具有龙骨状的凸起，内有气室，外观很像一艘圆圆胖胖的小船，由于形态可爱，常成为文化创意的 DIY 材料，化身为各式吊饰、艺术品、钥匙圈。

中国台湾国宝级树种

如果你曾到访垦丁国家森林游乐区，就会知道园区内有处著名景点叫"银叶板根"，这棵树超过 400 岁，有着比成人高的板根。这种植物叫作"银叶树"，只是一般人以为银叶板根就是它的名字。梧桐科（Sterculiaceae）的银叶树是热带地区的常绿大乔木，因叶背密布银白鳞片而得名，又称为"大白叶仔"。

银叶树属（*Heritiera*）共有 35 种，分布于东半球热带地区。属名 *Heritiera* 是为了纪念法国植物学家与裁判官 Charles Louis L'Héritierr de Brutelle（1746-1800年）。他是一个自学成才的植物学家，在大多数法国植物学家不重视林奈氏分类系统的时期，他是少数采用此系统的人之一。种加词 *littoralis* 意思则是"海岸的"，说明银叶树生长环境以海岸地区为主。

银叶树分布于热带亚洲、太平洋诸岛，在台湾地区天然分布于基隆、贡寮、宜兰、台东、恒春半岛及离岛的兰屿、绿岛，为热带海岸林物种，喜欢生长在高温多湿的海岸丛林中，树高可达 20 米。由于热带地区雨量多，土壤冲刷严重，加上水位高，根部无法深入土壤深层，为了适应这种环境，银叶树发展出呈扁平状水平扩展的"板根"，以强化自身抓地力与扩展面积，并增加气体（氧与细胞呼吸作用释放出的气体）的交换面积。

春季时，枝条上会开出密密麻麻的灰绿色小花，小花虽不亮眼，却有种特殊的迷人风韵，花朵雌雄同株，我们所看到的花朵，其花瓣已退化，是由花萼愈合而成。初秋时，部分雌花凋落，剩下的雌花子房开始膨大，长成椭圆状的果实，初为绿色，后转为具有光泽的褐色，木质化而质轻，可借海水漂送传播到各处。

1.雌雄同株，花多，呈多分枝状的圆锥花序。

2.花萼愈合，花单性，无花瓣，雄花钟形，萼4～5裂，雄花4～20枚花药，雄蕊花丝合生成细长筒状。

1

2

3. 单叶互生，叶片长椭圆形，革质油亮，正面绿色，下表面密被银色鳞片状或星状茸毛，叶片闪亮，非常迷人。 4. 树干灰褐色，幼株根基板根不明显，成年树的根基有较明显板根。
5. 果实扁椭圆形，长 3 ～ 5 公分，木质化，具光泽，腹缝线有龙骨状凸起，质轻。

鸟类与果蝠的棒棒糖

银桦

植物小档案

中文名：银桦
别名：银橡树、樱槐、绢柏、绢槛
学名：*Grevillea robusta* A. Cunn.
英名：Silky oak、Australian silky oak
科名：山龙眼科 Proteaceae
花期：3月～5月
果期：6月～8月
原产地：澳大利亚昆士兰及新南威尔士等
地区

映着一旁浅绿的樟树新叶、墨绿的松叶，高大的银桦树开花时最为耀眼。

　　从爱兰交流道往下，沿着台14线进入埔里市区，扑面而来的湿润空气带有山城特有的味道，糅合着田野里泥土与草地的气息。走进台湾的中心位置，虎头山麓映入眼帘，天空湛蓝，大冠鹫盘旋于上，樟树已换上一身浅绿色新妆，高耸的松树、墨绿色的肯氏南洋杉衬托出山麓层次，几棵隐身其中的银桦换上了橙黄色衣裳，为整个山麓增添了美感，似乎也在提醒人们，春天已经到来。

拍摄地点：南投地理中心碑
常见地点：常栽植为行道树或景观树

花姿奇特，每朵花都像是动人的音符，仿佛一拨就能听到美丽的旋律。

台湾乔木笔记：
银桦

银桦是澳大利亚最优秀的开花树种之一，拥有状似"蕨叶"的叶片和丰富的橙黄梳状花；花朵含有丰富的花蜜，常吸引鸟类和果蝠前来造访；也是热带和亚热带地区著名的观赏植物。澳大利亚原住民称其为 bush lollies（布什棒棒糖），他们将花蜜放入容器，再加上一点水，就成了传统的甜美饮品。银桦的心材略带粉红，色彩从棕色到红棕色都有，边材色稍浅，可用来制作家具，在斯里兰卡和东非地区则作为薪材。其生长快速，抗旱和耐土壤贫瘠，在非洲和美洲地区常被用于造林，在中国大陆、印度南部和斯里兰卡，经常被种植在茶园里遮荫，而在巴西和夏威夷则专为咖啡园遮荫使用。

传说中的三十年之约

植物分类上属于山龙眼科（Proteaceae）银桦属（*Grevillea*），此科包括80属，2000 余种，分布在南半球一带，大部分种类在澳大利亚和南非，少数种类分布在南美洲和东南亚。银桦属约有 340 种，属名 *Grevillea* 是为了纪念英国皇家园艺学会创办者、副会长 Charles Francis Greville（1749-1809 年）。

银桦属植物花色相当多样，白色、金黄色、红色、粉红色等都有，许多精彩鲜艳的颜色都能在此属中见到。银桦原产于澳大利亚东南部的昆士兰州和东北部新南威尔士州的热带雨林中，目前在热带和亚热带已被广泛引进种植为农林业遮荫树和景观树。

嫩枝银白色，叶背具有银白色丝状茸毛，这正是银桦树名的由来。银桦为常绿大乔木，主干笔直，树高可达 25～35 米。民间流传只有三十年以上的老银桦树才会开花的说法，这可能和各地土壤、气候、湿度有关，因为有些树龄较少的银桦树也会开花。银桦未开花时是非常美丽的景观树，叶片似"蕨叶"，微风吹拂撩起叶片，在风中翻搅的银白色模样，非常特别。

银桦不开花则已，一开花即一鸣惊人，橙黄色如梳状的花朵，既高雅又特别，花朵常会吸引鸟类前来吸食，像绿绣眼就特别喜欢在花朵间跳动，然后吸取花蜜，果蝠也很喜欢它的花蜜。银桦的花朵非常奇特，两性花中，4 枚卷曲萼片类似花冠，事实上它的花朵无花瓣，具有 4 枚雄蕊，雌蕊花柱长而弯曲，像是一个动人的音符。夏天果熟，蓇葖果黄褐色，种子具薄膜翼翅，可借风力传播。

1

2

3

4

5

6

1.树皮有深裂纵沟，铁灰或银灰色。 2.叶互生，二回羽状深裂，裂片7～10对，每一裂片再分裂为 3～4 小裂或不分裂，裂片披针形或少数线形，背面有银白色丝状茸毛。 3.常绿大乔木，树高可达 25～35 米，主干笔直，枝条横生。 4.总状花序，顶生或腋生，花序长可达 10～15 厘米，数枚生长于枝条上。 5.花两性，橙黄色，萼片花冠状，具 4 卷曲裂片，无花瓣，雄蕊 4 枚，雌蕊花柱 1，长而弯曲。 6.蓇葖果，果实宽阔，歪形，长 2～2.5 厘米，黄褐色，内含种子，种子具薄膜翼翅。

天然的优质染料
采木

植物小档案

中文名：采木
别名：洋森木、洋苏木、苏木、墨水树（台湾地区）
学名：*Haematoxylum campechianum* L.
英名：Bloodwood tree、Campeachy wood、Logwood
科名：豆科 Leguminosae (Fabaceae)
花期：3 月 ~ 5 月
果期：5 月 ~ 7 月
原产地：美洲中部、哥伦比亚及西印度群岛

常绿大乔木，树高可达 15 米，树皮略带黑褐色，具皮孔，喜阳光充足之环境。

　　河的面貌总是千变万化，沿着河岸，红色拱桥映入眼帘，一旁高耸的印度塔树下垂的波浪状叶片迎风摇曳，宛如发丝般轻柔。走进校园，大王椰林立，过了穿堂，便可见采木顺着风势倾斜，几经风寒、自然雕塑而成的枝干体态饶富禅意，枝条上点缀着红色嫩叶，风动时摇曳多姿，还有成串的红色花苞，有些已绽放，空气中弥漫着芬芳。

拍摄地点：高雄鼓岩国小
常见地点：台湾全岛常见栽培为景观树、行道树

春天时万花齐放，满树绿叶上点缀着鲜黄花朵，让人伴随花香，置身浪漫之境。

台湾乔木笔记：
采木

采木终年常绿，常被种植在公园、校园、庭园或行道路旁，作为观赏树种，其枝条叶腋处有锐刺，用作绿篱有绝佳阻隔效果。采木材质密度高，适合作为地板、棺木。木材及树皮中的"苏木精"为优质染料，苏木精是一种无色或淡灰黄色粉末，本身不是一种染料，氧化为苏木因后才具有染色的性能，常用于细胞染色或衣物染色，为优秀的深色染剂。心材泡水后会释出紫红色茶汤，极似红豆杉的"紫杉醇"，曾被不良商人利用，称其可治疗癌症。

历史上的纷争

哥伦布发现新大陆后，一群称为西班牙征服者的探险战士继续在新大陆开拓殖民地。这些战士占领美洲时，发现墨西哥印地安人（阿兹特克人）以采木作为紫色及黑色染料，于是将采木带往欧洲其他殖民地，取代了国内的染料植物菘蓝。

17世纪时，这种染料更是导致英国传统染料市场衰退，西班牙与英国数度因争夺采木而产生纷争。19世纪初，采木在市场上已供过于求，后来随着化合染剂出现，人们对采木的需求大不如前，但同时，科技萃取技术的进步使之被大量用在动植物组织染色上，从而让它再次登上舞台。

采木原产于美洲中部、哥伦比亚及西印度。分类上属于豆科 Leguminosae 采木属，属名 *Haematoxylum* 由希腊文 hacma "血"和 xylon "木材"组成，意指该植物的木材含有血一般的红色汁液。因其心材可提取灿烂的红色染料，在16世纪时曾是中美及西印度群岛甚有价值的输出品。

采木为常绿乔木，生长缓慢，树高可达10米，在台湾常见于公园、校园，少数南部地区更成为行道树，树干常会有节瘤出现，横向分枝多，为优良的遮荫树。春天萌发新芽时，满树整簇嫩叶为橘红和赭红色，远远望去很像开着红花的树，极为特别，而那偶数羽状复叶的小叶，更像小男生系的领结一般可爱。春天时万花齐放，给满树绿叶缀上鲜黄花朵，伴随花香耀眼夺目；初夏结果，扁平荚果犹如风铃下悬吊着纸片，风情万种。

1

2

3

4   5

1.春天萌发新芽，满树嫩叶为橘红和赭红色，远远望去很像开着红花的树。2.偶数羽状复叶，小叶3～4对，无叶柄，对生，呈倒心形，前端凹陷，叶腋间有细刺。3.花萼5枚，黄色带紫，不等长，基部合生，花瓣5枚，离生，约略等长，雄蕊10枚，离生。4.总状花序，呈下垂或斜上升，花序长5～20厘米，花多，鲜黄色，具香气。5.荚果镰形，扁平，长3～6厘米，宽1～1.5厘米，浅褐色，内含种子1～3粒。

群山中的粉吊钟
伯乐树

落叶乔木，树高 10 ~ 20 米，树皮灰褐色，树干与枝条具有明显的皮孔。

植物小档案

中文名：伯乐树
别名：钟萼木（台湾地区）、冬桃
学名：*Bretschneidera sinensis* Hemsl.
英名：Chinese Bretschneidera
科名：伯乐树科 Bretschneideraceae
花期：3 月 ~ 5 月
果期：5 月 ~ 7 月
原产地：中国台湾、云南、贵州、湖南、湖北、福建、浙江

　　猴硐不单单只有猫，每年春天，这里还有一种非常珍贵的台湾原生树，这位美丽的女主角就是"伯乐树"。离开猴硐火车站，沿着神社石阶拾级而上，到达一处日本殖民统治时期留下的神社平台上，终于见到伯乐树第一面。来得太晚了，叶片均已凋落，整棵树光秃秃的，失望之际，却遇上了前年的果实。后来为一睹风采，选择在春天开花时期，特地安排了一次小旅行。走在通往金字碑古道的路上，山林间的伯乐树若隐若现，进入步道，抬头仰望，粉红的花朵就像倒吊的钟，让人欣喜若狂。

拍摄地点：猴硐金字碑
常见地点：台湾北部开阔次生林

粉红色的花朵远远看去像整串吊钟，在微风吹拂下轻轻摇曳。

台湾乔木笔记：
伯乐树

伯乐树只零星散生于北部次生林中，植株高大，树形优雅，花朵相当美观，近几年来，一些爱树人士在瑞芳、猴硐等地进行大规模复育栽培，让伯乐树逐渐增多，并赋予其新的观赏与经济价值。欣赏伯乐树时，不妨留意一下树上是否有蝴蝶，有种被称为"飞龙白粉蝶"的蝴蝶幼虫喜欢吃它的叶片，幼虫长大后，也能看见许多蝴蝶来到伯乐树上繁衍的特殊生态景象。

当自己的"伯乐"

花以总状花序排列于枝顶，花萼为钟形，这是伯乐树在台湾的名称"钟萼木"的由来。早期研究植物分类的学者，多认为应将伯乐树归为无患子科（Sapindaceac），不过就其植物特征来说，花两性，花萼钟形，花瓣离生，果实为蒴果，种子红色，无假种皮，似乎没有无患子科之特征，因此德国人 Engler 及 Gile 于 1924 年将其单独列为伯乐树科（Bretschneideraceae）。

1982 年，伯乐树在中国台湾首度于七星山马槽附近被发现后，其他地方陆续也发现了其踪迹，1985 年正式在《中华林业季刊》发表为台湾新纪录树种。主要分布在亚洲南部，自西向东则延伸散布于中国云南、贵州、湖南、湖北、福建和浙江一带，直至台湾海拔一千米以下的向阳坡地，分布面积狭小，且数量有限，目前为法定的稀有保护植物。

伯乐树为属名 Bretschneidera 音译而来，得名于拉脱维亚的中国事务专家、植物学家 Emil Vasilievic Bretschneider（1833-1901 年）。伯乐树喜欢日照充足的山坡地，为落叶乔木，高可达 20 米，径可达 35 厘米，树皮灰褐色。奇数羽状复叶丛生于枝条先端，厚纸质，表面呈现出有光泽的绿色。

冬末初春，嫩叶开始舒展，随即开始育蕾。乍暖还寒时节，一枝枝花序自枝条顶端伸出，花朵便由下往上渐次开花，一朵朵粉红色的花，衬托出春天美好的景色。初夏结果，蒴果似桃，中国大陆称之为"冬桃"，成熟时三裂，种子球形，种皮橙红色，样子非常可爱。

1.叶互生，奇数羽状复叶，小叶椭圆形至卵状椭圆形，长 7 ~ 14 厘米，宽 3 ~ 5 厘米，先端锐尖至短尾状，基部钝而略歪。 2.蒴果长椭圆形至椭圆形，2 ~ 4 厘米，木质，表面密生短褐色茸毛，成熟时 3 裂，种子球形，种皮橙红色。 3.总状花序，顶生或沿枝条先端排列，花序长 20 ~ 40 厘米，花序明显。4.花两性，形大，繁多，白色或粉红色，花径 4 ~ 5 厘米，花瓣 5 枚，花瓣有红色纵条纹，雄蕊 8 枚，花柱单生，略弯曲。

春风之铃
苹婆

植物小档案

中文名：苹婆
别名：冰弼、苹婆、频婆、凤眼果、七姐果
学名：*Sterculia nobilis* R. Br.
英名：Noble Bottle-tree、Ping-pong
科名：梧桐科 Sterculaceae
花期：3月~5月
果期：7月~9月
原产地：中国华南、广东、云南、印度尼西亚、
中南半岛

落叶乔木，树高可达15米，树冠圆形且浓密。

　　沿着投71乡道进入"武界"，是一个人烟杂沓、民风淳朴的美丽部落，此处属于山高谷深的峡谷地形，清晨从高处往下眺望，常有云海涌现，难怪被人们誉为"云的故乡"。随着武界部落的风光淡出视线，蜿蜒的山路上，绿意成了路上唯一的风景。经过晦暗隧道，出口另一端即将带来的不同风景，令人引颈企盼。即将抵达埔里的时候，路旁几棵高大的苹婆，是我目前见过的最大的几棵。沿河岸也栽植着一小片，开花时总是热闹非凡。

拍摄地点：南投埔里
常见地点：在台湾地区多分布于中南部，大多作观赏树木，栽培于庭院

花朵无花瓣，盛开时满树的花朵像一顶顶小皇冠，又像是一颗颗小铃铛。

台湾乔木笔记：
苹婆

何澄著作《台阳杂咏》中提到"烂煮冰弸逾栗美"，并形容"形如皂荚子，似栗；而香味特胜"，这里所谓的"冰弸"就是"苹婆"。苹婆种子营养丰富，经煮或炒熟后，味道如板栗，清甜松香。台湾地区民间传说七娘妈是孩子的保护神，而苹婆果实是七夕的祭品，故在农历七月前后都会有苹婆果实在市场上售卖，《岭南药用植物》称其为"七姐果"。此外，苹婆可萃取刺梧桐胶，又叫苹婆树胶，是一种部分乙酰化的多糖化合物，与少量水混合即可形成黏性极强的胶黏剂，由于安全无毒，广泛用于制药、配制牙科胶黏剂和食品胶黏剂。

七月市场中的艳红滋味

农历七月前，台湾地区中南部传统市场的蔬菜摊或水果摊上，常见摆着一篓又一篓的艳红色果荚，也没写是什么果实，但总有人挑选购买，一买就是好几大串，这就是乡间老饕趋之若鹜的"苹婆"。

苹婆在植物分类上属梧桐科苹婆属，属名 *Sterculia* 是为了纪念罗马掌管厕所之神 Sterculius，其尊称是"施肥之神"，种加词 *nobilis* 有"高贵的、著名的"的意思。此属有 100 ~ 200 种，分布在热带和亚热带地区，部分种类开花时带有令人不悦的味道。

苹婆原产于中国华南、广东、云南、印度尼西亚和中南半岛，潘富俊博士所著的《台湾植物记》一书提到，一般认为台湾于清代（1740 年以前）便已引进苹婆，以台湾中南部栽植较多，常见栽植于校园、公园、庭院，行道树则较少见。苹婆又写作"冰弸"，由闽南话音译而来，鲜艳的红色蓇葖果成熟后开裂，露出黑色的种子，形似凤眼，故又名"凤眼果"。

苹婆为落叶大乔木，树高可达 15 米，叶片大，使整棵树看起来相当浓密，秋天时会有落叶现象。花开于三月至五月，圆锥花序顶生或腋生，花开时满树像缀满小皇冠或小铃铛，精巧可爱，落地铺成的黄白色"地毯"相当雅致。夏季结果，果实扁如豆荚，圆形或椭圆形，果皮成熟时为鲜红色，内有三至五颗黝黑的种子，种子无论水煮或经过烘烤，味道、香气、口感皆像栗子，走进乡间传统市场时，不妨多留意一下这种人间美味。

1

2

93

3

4

5

1.单叶,互生,具叶柄,叶片长15～30厘米,长椭圆形,叶缘全缘。2.雌雄同株,圆锥花序,顶生或腋生,花序柔弱,呈下垂状。3.果实为蓇葖果,每轴1～3个,扁如豆荚,先端尖,果皮成熟时为鲜红色,厚革质,密被茸毛,种子3～5粒,圆形或椭圆形,深褐或黑色,富光泽。4.单性花或杂性花,花被呈钟形,乳白色至淡红色,花冠直径约1厘米,5裂,先端渐尖并向内弯曲,在顶端处闭合。5.落花纷纷,铺成一地,有飘零之美。

茂密常绿的永生之树

铁冬青

栽植台湾原生乔木作为生态绿化，铁冬青行道树难得一见。

植物小档案

中文名：铁冬青
别名：小果铁冬青、白沉香、白银、糊樗、
细果铁冬青、马口树
学名：*Ilex rotunda* Thunb.
英名：Chinese holly、Small-fruited chinese
holly
科名：冬青科 Aquifoliaceae
花期：3 月～ 4 月
果期：9 月～ 1 月
原产地：中国台湾、大陆及日本

　　走在挖子尾，淡水河的尾端聚落，能看见几棵高大的铁冬青，因为
花很小，所以很少留意到开花的模样，总是在它红果累累的时候，才意
识到又过了一年。不久前，通往虎头山环保公园的蜿蜒山路上，成排铁
冬青满树鲜红欲滴的浆果缀满枝头，让人不知不觉放慢了速度，欣赏这
大自然的美妙。

拍摄地点：桃园虎头山环保公园成功路三段
常见地点：在台湾地区常见栽植于公园，或作为景观绿化及行道树

春日，所有花儿像在同一时间沸腾起来，铁冬青的花瓣与雄蕊同数，模样玲珑有致。

台湾乔木笔记：
铁冬青

绿油精、曼秀雷敦、白花油、万金油，这些生活中常见的外用药，你一定不陌生，但你可能不知道，这些外用药多由冬青油及其他成分所组成。铁冬青有着淡淡的薄荷味，被大量广泛用于生产各式各样的产品，市面上几乎所有的药膏、酸痛贴布都有添加，许多饼干和糖果的薄荷味也来自添加的铁冬青。冬青精油可促进局部血液循环，经常被用于香薰治疗。铁冬青树叶浓厚而密，非常适合庭院栽植观赏，为良好的遮荫树，木材可供建筑使用，树皮可提取染料，除了可观果外，果实成熟变软时，鸟类喜食，也是绝佳的诱鸟植物。

具有神奇力量的植物

"冬青木，十一时，凤凰羽毛，灵活柔软。"英国作家罗琳的系列奇幻小说里，主角哈利波特所使用的魔杖是冬青木所制成的，而冬青木因经常被用来制作武器，因此被视为战斗、保护与对抗邪恶的象征。由于冬青木为常绿植物，所以也代表着"持久"与"忍耐"。此外，在基督教传统里，冬青是永生的象征，这也是圣诞节人们时常在屋内外挂上冬青花环的主要原因。

冬青科只有一个属，即冬青属，有600多种，除了北美西海岸和澳大利亚以外，世界各地均有分布。属名 *Ilex* 由冬青栎（*Quercus ilex* L.）的种加词而来，表示此属植物的叶子很像冬青栎。有趣的是，铁冬青叶缘没有锯齿，不开花结果的时候，很容易被看成榕树。

"冬青"顾名思义就是冬天常绿，铁冬青为常绿乔木，树高可达10米以上，树叶浓厚而密，遮荫效果良好，且树干笔直，因此常栽培为景观树或行道树。春天开花，花期仅一个月左右，相当短暂。小花辐射对称，一般为单性，花白色或淡黄色，常形成复伞形花序，花朵直径不及0.5厘米。

入秋后开始结果，传说更早以前果实是白色的，耶稣受难时被冬青叶缘的针刺伤了额头，流出的鲜血染红了白色的果实，而成为现今鲜血般艳红的样貌。未成熟的果实因含有冬青素，味道非常苦，所以很少见到鸟类前来觅食，直到秋末冬初，果实成熟并变得柔软时，鸟类才会前来大啖那可口美味的果实。

1. 伞形花序，腋生，雌雄异株，花小，隐藏在浓密绿叶中。 2. 雄花具退化雌蕊，常形成复
伞形花序，花径 0.3 ~ 0.4 厘米，白色或淡黄色，具芳香。 3. 花后果由黄转鲜红色，浆果
状核果椭圆形，具光泽，果径 0.6 ~ 0.8 厘米，内有 1 ~ 2 颗种子。 4. 常绿乔木，树高可达
10 米以上，树叶浓厚而密，为良好的遮荫树。5. 叶互生，长椭圆形或椭圆形，革质或厚纸质，
叶全缘。

黄星凤蝶的食草伴侣

黑壳楠

植物小档案

中文名：黑壳楠
别名：俄氏钓樟、大叶钓樟、峦大山山胡椒、黑壳、大香叶树（台湾地区）
学名：*Lindera megaphylla* Hemsl.
英名：Large-leaved lindera、Oldham spice bush
科名：樟科 Lauraceae
花期：1 月～ 3 月
果期：8 月～ 9 月
原产地：中国台湾及大陆南部和西南部

落叶乔木，树高可达 20 米，树冠广卵形，枝条粗壮，紫黑色。

　　通往千岛湖的道路上，北势溪迂回穿流其间，山峦层叠、丘陵绵延，高耸醒目的楠木已开始育蕾，露出一颗颗迷人的芽苞，地面上的申跋、天蓬草、飞机草好像瞬间从冬季苏醒，开始绽放。余光瞥见一棵黑壳楠，为它挂满树梢的花朵所触动，站在高大的树下久久舍不得离去，赞叹并贪恋它的美色。

拍摄地点：台北石碇
常见地点：台湾中部以北低中海拔山区，常见于山麓森林中

高耸的身躯挂着桃红彩球，一颗颗彩球挂满枝梢，常吸引蛾、蝴蝶和蜜蜂造访。

对大众而言，樟科植物总让人联想到樟树的樟脑油，其实许多樟科植物在生活中都扮演着举足轻重的角色，像肉桂、月桂或酪梨等都是此科成员，只是一般人很难将它们联想在一起。黑壳楠木材可用于建筑、造船或制作家具等。叶片和果实含有芳香精油，可作香料，同时也是黄星凤蝶的食物。黄星凤蝶对生存环境要求严格且敏感性高，耐污染程度非常低，每到春天便可看到黄星凤蝶幼虫在树上啃食叶片，因此黑壳楠也可作为环境指标生物，若是遇见它与黄星凤蝶在一起，表示此处空气质量很不错呢！

森林里的珍珠糯米团子

台湾高山林立，各海拔之间有不同的林带，海拔 500 米以下为榕楠林带，海拔 500 ~ 1500 米为楠储林带，"楠储"指的是樟科与壳斗科植物，是构成森林的主要物种。

樟科至少包含 50 个属，大约有 3000 种，主要分布在温暖的温带和热带地区，尤其是东南亚和南美洲，多为常绿乔木或灌木，许多种类都具有芳香。黑壳楠属（*Lindera*）是樟科植物 12 个属中 2 个雌雄异株的属之一，属名 *Lindera* 是为了纪念 17 世纪瑞典植物学家约翰·林德 Johann Linder（1676-1723 年）。种加词 *megaphylla* 意思是"大叶的"，用以形容此植物具有很大的叶片。

黑壳楠原产于中国台湾及大陆南部和西南部，在台湾地区主要分布于中部以北低中海拔山区，常见于山麓森林、潮湿山谷或坡地。树高可达 20 米，树干褐色或灰黑色，具有浅环状纹和皮孔，枝条顶端的嫩芽被覆"芽鳞"，这种构造是辨识樟科植物的重要特征，叶片大，具芳香气味，终年常绿。

冬末至春天开花，以三月为开花盛期，一团团的小花由总苞片保护，每团花由 15 ~ 20 朵小花聚集构成伞形，远远望去就像珍珠糯米团子般，非常可爱。花朵紫红色，具有 9 ~ 12 个雄蕊（少数有退化情形），并以 3 个一轮的方式排列在花被内，花丝基部长有一对绿色腺体，这对绿色腺体主要用于吸引传粉者。夏季结果，果实为浆果，椭圆形，初为绿色，渐变为鲜红色，再变为暗红色。

1

2

雄花有褐色总苞4枚，完全雄蕊9枚，雄蕊有3轮，花丝细长有细毛，第3轮花丝基部有绿色腺体，腺体有柄。

105

3

4

1. 冬末初春开花，花团锦簇，挂满树梢的花朵乍看有点像珍珠糯米团子，非常可爱。 2. 雌雄异株，伞形花序，每团花由 15～20 朵小花构成，总苞有 4 枚，花被 4 枚，紫红色。 3. 树干褐色或灰黑色，树干具有浅环状纹，且有皮孔。 4. 单叶互生，多长在小枝先端，长椭圆形至长椭圆状披针形，长可达 20 厘米，隐身在绿叶中的浆果椭圆形，初为绿色，成熟时为紫黑色。

一身是宝的古老圣树

中国无忧花

植物小档案

中文名：中国无忧花
别名：云南无忧树
学名：*Saraca dives* Pierre
英名：Asoka tree、Sorrow-less tree
科名：豆科 Fabaceae
花期：4 月～5 月
果期：7 月～10 月
原产地：中国云南、广东、广西，以及
越南、老挝

常绿大乔木，树高可达 15 米，树皮略带黑褐色，具皮孔，喜阳光充足之环境。

　　埔里的大街小弄，我都熟悉到可以在镇上随兴穿越，但我很少跨越南港溪到小镇的另一头，也从不知道原来站在南边眺望小镇，竟有种出乎意料的宁静感。依稀记得前一年网友告诉了我无忧花的位置，这事就一直在心里搁着，一晃一年过去了。三月底，乍暖还寒，油桐绿荫夹道。靠着记忆在蜿蜒的道路上摸索，导航显示已无路径，硬着头皮往前走，这才看见无忧树如火焰般映在眼前；一颗期待已久的心，似乎早已按捺不住。

拍摄地点：南投埔里
常见地点：台湾偶见栽种为观赏树、行道树

中国无忧花的树势雄伟、花大而艳丽，盛开时远望犹如熊熊火焰燃烧，十分壮观，因而被称为"火焰花"。

无忧花自古即被传为圣树，在台湾仅少数庙宇及植物园有栽植，由此也增添了许多神秘感。除了花、叶皆美，可供观赏外，其树皮、根、叶、花、种子，自古以来即是重要的民间药材，不仅是妇科良药，还具有抗菌、抗癌之功效，甚至可预防及治疗忧郁症，可说全身都是宝。

献给神祇的无忧之树

无忧花属 *Saraca* 大约有 25 种，分布于亚洲热带地区。拉丁属名 *Saraca* 系沿用该植物在印度东部的名称 saraca。无忧树在印度称为"阿育王树"，阿育（Aśoka）是梵语音译，意即"无忧"，也称阿输迦树（Asoka）。在印度教神话中，无忧树被用来奉献给爱欲之神迦摩天（Kamadeva），此神生于诸天及人间之先，被称为"希望之女神"。据说，只要坐在无忧花树下，任何人都会忘记所有的烦恼，无忧无愁。

在印度，无忧花经常被当作艺术元素，表现在雕塑作品中，并且常竖立在佛教及印度教寺庙门口。在印度，无忧花普遍被视为受人尊敬的圣树，人们相信无忧花能消除心中的悲伤。按古印度风俗，太子的母亲摩耶王后头胎分娩必须回娘家去，在回娘家天臂城分娩的途中，经过迦毗罗卫城和天臂城交界处的兰毗尼花园，下轿到花园中休息，当摩耶王后走到一棵葱茏茂盛的无忧花树下，伸手抚触树枝时，惊动了胎气，于是就在树下生下了太子，因而有"右胁清净出胎"的典故。

台湾共引进两种无忧花，一为中国无忧花，二为印度无忧花（*S. indica*），中国无忧花原产于中国、印度、斯里兰卡、马来西亚及苏拉威西岛。原产地多位于海拔 200 ～ 1000 米的河谷地溪边，性喜温暖潮湿的气候，但较印度无忧花耐寒。盛花时期，火红的花簇绽放在树冠上，犹如火焰，因此在云南又称为火焰花。云南西双版纳的傣族笃信南传上座部佛教，每个村寨必有佛寺，当地求子心切的妇女，也会在自家院中种植无忧花，人们也称其为佛诞树。

中国无忧花为常绿大乔木，树木高大、冠幅宽广，非常适合作行道树及庭院景观和遮荫树。春天时嫩叶舒展，下垂状，并呈现出枯萎的紫色，非常显眼。羽状复叶的叶片非常大，长度甚至可及成人手臂。每年四至五月开花，花多数生

1. 嫩叶由紫色叶片逐渐舒展开来转为绿色，这一有趣的特殊变化，可能是植物为了避免嫩叶遭受昆虫啃食。

2. 1回羽状复叶，小叶长8～30厘米，长椭圆形或长椭圆状披针形，革质。

3. 花多，密集排列呈伞房花序，略呈球形，橘黄色，雄蕊8～10枚，其中1～2枚常退化成钻状，花丝突出。

5

4

6

4.荚果初为绿色,成熟时棕褐色,扁平,长 22～30 厘米,宽 5～7 厘米,内有种子 12 颗,形状不一,扁平。 5.花朵无花瓣,鲜艳的花朵,其实是花萼片愈合而成的萼筒,萼筒先端 4 裂,似花瓣。6.橘黄色花朵随着花谢转为橘红色,花开花落,落英满地,染一地璎珞。

长于枝端,花大而艳丽,盛开时远望犹如熊熊火焰燃烧。花朵无花瓣,通常我们看到的花,其实是花萼片愈合而成的萼筒,萼筒先端 4 裂,犹如花瓣,花朵初开为橘黄色,后转变为橘红色。花开花落,萼筒与花丝落满地,染一地缨络。

台湾原生特有种

台湾枇杷

植物小档案

中文名：台湾枇杷
别名：夏粥、恒春山枇杷、山枇杷（台湾
地区）
学名：*Eriobotrya deflexa* (Hemsl.) Nakai
英名：Taiwan loquat
科名：蔷薇科 Rosaceae
花期：2 月～3 月
果期：6 月～7 月
原产地：中国台湾

常绿乔木，树高可达 20 米，树冠宽广。

　　远离中部的冷空气，来到恒春半岛，现在正是南风和北风交替的日子。天空很蓝，云很低，蓝天下有层层朵朵的云。因为落山风，云朵忽聚忽散，风吹过木麻黄，撩起叶片特有的潮声。就在风起的时候，见到了小木屋旁的台湾枇杷。正开着花的台湾枇杷羞涩秀美，在风中传递若有似无的淡淡花香，似乎正颂扬着春天的到来。

拍摄地点：恒春垦丁国小
常见地点：台湾全岛平地、山麓至海拔高达 1800 米的山区

洁白小花带着羞涩，在风中传递若有似无的淡淡花香。

台湾乔木笔记：
台湾枇杷

枇杷叶具有治咳药效，用枇杷、枇杷叶、冰糖、麦芽糖、蜂蜜、柠檬、姜片可熬煮成天然枇杷膏。台湾枇杷与枇杷是同属植物，果实可食用，味道鲜甜，但果肉少，果肉纤维粗，种子也较大，很难获得人们喜爱，鸟儿们倒是非常喜欢它的果实，果实成熟时常可看到各种鸟儿在枝梢间跳跃活动。除了果实可食用，台湾枇杷木材坚硬可制杵，花朵芬芳的气味不待嗅而自入鼻中，加上树干挺拔，也是优良的景观树种。

台湾枇杷树下的先灵恩怨

传说赛夏族人早年对付矮人时，把矮人回家途中爬上去歇脚的台湾枇杷树锯断一半，并以泥巴覆盖遮掩，害得矮人从树上跌落摔死。自此以后，赛夏族人害怕矮人亡灵作祟，不敢到有台湾枇杷树的地方去，而矮灵祭的祭场，则一定要种一棵台湾枇杷树。氛围凄厉的矮灵祭，所唱的祭歌中也都会提到台湾枇杷，要后世别忘了台湾枇杷树下的恩怨。

枇杷因叶形似乐器"琵琶"而得名，台湾枇杷为台湾原生树种也是特有种，为蔷薇科（Rosaceae）枇杷属（*Eriobotrya*）常绿乔木。属名由希腊文 erion "棉毛"和拉丁文 botrys "一串葡萄"组合而成，意指其果实密被棉毛状的茸毛，整个圆锥状的果丛就好像一串葡萄。种加词 *deflexa* 意思是"突然向下弯的"，指其果实成熟时果柄会突然往下弯曲。

台湾枇杷在台湾分布广阔，从临海山麓到海拔约 2000 米的山区，南北两端高度相差极大，从北端约 700 米的大屯山，到最南端的鹅銮鼻近海平面，都能看见它的身影。台湾枇杷性喜阳光充足、高温和湿润的环境，能对抗强风、耐干旱，但对于海边盐分、寒冷及光线不足的环境耐受力较差，因此大多分布在垦丁高海拔的珊瑚礁森林中。

台湾枇杷的革质叶先端钝，叶缘有粗疏锯齿，幼叶呈红褐色，且披覆褐色茸毛，成叶茸毛脱落，老叶则转为红色而掉落。白色的顶生圆锥花序在春天盛开，伴随着淡淡香气。夏天果熟，成熟的梨果椭圆形至圆球形，汁多味甜，可惜果肉不多，无法媲美枇杷，也正因如此，才让野外的鸟兽们拥有了更丰足的食物。

1

2

3

4

5

1. 叶片互生，常集生于枝条顶端，革质，长圆形或长圆披针形，长可达 25 厘米。 2. 树干笔直，树皮淡灰褐色，有纵向条纹。 3. 叶先端钝，叶缘具粗疏锯齿，老叶则转为红色后掉落。 4. 花白色，圆锥花序顶生，总花梗和花梗均密生棕色茸毛，具有淡淡香气。 5. 花萼 5 枚，被红色毛，花瓣 5 枚，先端凹入，雄蕊约 20 枚，柱头 3 歧。子房下位。

果实梨果，球形，直径 1.2 ~ 2 厘米，成熟时黄红色，密被茸毛，先端有残存萼片，内含种子 1 ~ 4 颗。

Volume 02 ——夏

抵抗强风九重吹

水黄皮

植物小档案

中文名：水黄皮
别名：九重吹、水流豆
学名：*Pongamia pinnata* (L.) Pierre
英名：Pongamia、Poonga-oil tree、Poongaoil、
Poongaoil pongamia
科名：豆科 Leguminosae (Fabaceae)
花期：4 月～5 月、9 月～11 月
果期：5 月～7 月、10 月～12 月
原产地：太平洋热带地区

半落叶乔木，树冠伞形，树高 15～25 米。

　　雪隧快速便利，但总觉得快速移动使人失去了欣赏沿途美丽风景的机会。从华南边上的一片陆地下沉成海，再从海底被推挤成高山，一段沧海桑田，刻画在古老坚硬的四棱砂岩中，也记录在沉积的地层上。沿着海岸线走到宜兰头城，地质开始有了变化，海蚀平台、单面山和豆腐岩地形，与蓝色海洋相互辉映，加上滨海植物的绿意，就算坐在岩石上发呆，也能让人忘了尘嚣纷扰。单面山岩石上的灰叶悠然自得，扭翘的香茅迎风摇曳，海岸线上的水黄皮则一树热闹缤纷，遥望龟山岛，诉说着自己的故事。

拍摄地点：宜兰头城
常见地点：在台湾地区分布于东北角、恒春半岛、台东、兰屿海岸一带，现广泛种植为
　　　　　景观树、行道树

粉红色的花瓣上，镶嵌着绿色斑纹，特大的旗瓣粉嫩迷人。

台湾乔木笔记：
水黄皮

水黄皮树性强健，非常适应干旱地区，是优良的绿化树种，由于根系发达，能抵抗强风，更是海滨地区最佳的防风林树种。水黄皮的木材质地致密，从前农家拿来制作牛车车轮和农具，坚固耐用，树皮则可用来制作绳索。此外，种子含有丰富的油料，可供榨油，在印度为生质柴油的原料。1997年，印度科学研究所开始研究和推广使用籽油，这种油很容易提取，可转化为生物质柴油。印度南部和东南部的纳塔克邦和安得拉邦农村地区成功使用生物质柴油，运用在发电和灌溉系统上，为村民带来极大的便利。

树势强劲的原生滨海植物

豆科植物（Fabaceae）是双子叶植物中具有庞大规模的家族，至少包含727属，将近两万种，分布在世界各地。许多物种均为重要的经济作物，例如大豆（黄豆）、红豆（小豆）、绿豆、豌豆、菜豆等。其共同特点就是果实为独有的荚果，由一心皮发育而成，成熟时果皮会沿背缝线和腹缝线开裂。但有些物种为了适应环境，却选择了不开裂，且荚果具有耐水性、耐盐性，可通过漂浮来达到传播目的。拥有这种独特本事的，就是水黄皮。

水黄皮属的属名 Pongamia 来自该植物在印度 Malaabe 的地方俗名 Pongam。此属大约有100种，分布在热带非洲和亚洲地区。因叶形与芸香科（Rutaceae）的黄皮（Clausena lansium）类似，又多生长在水边，而有水黄皮之名。主要分布在太平洋热带地区，包括中国台湾、印度、马来西亚、澳大利亚、菲律宾和中国南部等地。在台湾地区多见于东北角、恒春半岛、台东、兰屿海岸一带，为台湾原生滨海植物。

水黄皮为半落叶乔木，根系发达，能抵抗强风，有"九重吹"的美名。树高可达25米，树干挺拔，树冠伞形，遮荫性良好，一回奇数羽状复叶，初生的叶，叶脉丝丝分明，嫩绿如少女的心。盛花期在春季与秋季两个季节，开花时自绿叶中冒出粉红花序，密集的花朵边开边落，轻风吹拂，落英满地，更显浪漫氛围。

秋天时伴随着落叶，未成熟的绿色荚果挂在树上，有如宽大的豌豆，又如弯弯的眼眸，可爱又讨喜。不开裂的荚果可漂浮于水上，随水流传播，所以有"水流豆"这个名字。冬天时褪下繁花绿叶的彩衣，在寒风中展露饱经风霜的枝干，静静等待寒冬过去，到春暖时才开花。

1

2

3

4

5

1.荚果扁平，长约6厘米，木质化，不开裂，内具种子1～2颗。 2.褪下繁花绿叶的彩衣，在寒风中展露其饱经风霜的枝干。 3.总状花序腋生，花繁密，粉红色至紫红色，花径约2厘米。4.一回奇数羽状复叶，互生，小叶5～7枚对生，革质，长椭圆形或卵形，两面平滑。5.蝶形花冠，花瓣基部愈合，雄蕊单体，旗瓣下部有一绿色斑块。

勇气与坚定的象征

石栗

植物小档案

中文名：石栗
别名：海胡桃、黑桐油、油桃、烛果树、
摩鹿加油桐、蜡栗
学名：*Aleurites moluccana* Willd.
英名：Indian Walnut、Candle Nut、
Candleberry Tree、Varnish Tree、
Country Walnut、Otaheite Walnut
科名：大戟科 Euphorbiaceae
花期：近全年
果期：近全年
原产地：马来西亚、波利尼西亚、菲
律宾群岛

常绿大乔木，树高可达 25～30 米，树干胸径 30～60 厘米。

　　南部的夏天来得飞快，让街头许多行道树纷纷褪去繁花，换上一树绿叶。这时节，属于夏天的花朵开始招展，像凤凰木、铁刀木、缅栀，还有开白花的石栗。石栗的种子坚硬如石，被制成铃铛清脆悦耳，这是我对它的第一印象；走在山径上，偶尔也能在地上发现它一颗颗石头般的种子，具有圆而坚硬的外壳，谱写出美丽的生命序曲。

拍摄地点：嘉义大埔

常见地点：常见栽植于校园、庭园或作行道景观树，南部地区偶见用于造林

石栗花像桐花，铃铛般绽放满枝头。

石栗树生长迅速，树干挺直，树冠宽广浓密，具有良好的遮荫效果，从日本殖民统治时期就已推广为观赏树或行道树。木材淡红褐色，具有光泽，可作制作箱板或火柴杆的材料，在夏威夷甚至用树干来制作钓鱼用的小独木舟。果肉可食，烤烘后味如花生，而过量进食则可能引致腹泻和呕吐。石栗种仁富含油料，可提炼烛油，所榨取的油料可供制作油漆、肥皂、蜡烛等工业原料，而核果外壳经过燃烧后产生的烟灰，可用作刺青染料；也是著名的夏威夷果油（Kukui Nut oil）的原料，可保养肌肤和新生儿皮肤，避免阳光及海水伤害。

勇气与坚定的象征

如果你喜爱南洋风味烤肉串，浓稠的沙爹酱汁的主要材料来源就是蜡烛果（candle nuts），这种有点圆形且淡黄色的坚果和夏威夷豆（Macadamia Nuts）类似，含有高成分油脂，可用来增添食物浓厚口感。这里所说的蜡烛果就是"石栗"。古代夏威夷人利用棕叶中肋（由叶柄直接延伸到叶片主脉）穿起种仁用以燃烧，作为量度时间的方式（一粒种仁约可燃烧15分钟）。

这种因果实形状貌似栗子，又坚硬如石而得名的植物，被誉为勇气与坚定的象征。石栗原产于马来西亚、波利尼西亚和菲律宾群岛等地。19世纪初，日本殖民统治时期，柳本通义氏将石栗从越南引进台湾栽种。石栗属大戟科（Euphorbiacea）油桐属（*Aleurites*），属名*Aleurites*由希腊文aleuron（面粉）和后缀-itec（似、具有）组成，意指该植物有淀粉覆盖物，很像面粉。

乍看很像"广东油桐"的石栗为常绿大乔木，树干笔直，灰褐色的树皮上有皮孔组织，且树干上常留有落叶痕迹。叶片终年常绿，秋冬时部分地区偶见枫红现象，叶片从3~5浅裂到卵状长椭圆形都有，叶基部具有腺点，会分泌汁液吸引蚂蚁来保护自己。

大部分花期约在秋末至来年七月，南部恒春一带几乎全年开花。雌雄同株，圆锥花序顶生，花冠乳白色，同一花序上雄花与雌花并存，花多，雄花先于雌花开放。盛夏结果，果实球形至卵形，小巧可爱，成熟后落果，内含木质种皮，种子坚硬如石，常被制作成吊饰。

1. 树干笔直，树皮灰褐色，有皮孔组织，树干常留有落叶痕。 2. 单叶互生，叶柄长 15 ~ 30
厘米，卵状三角形或卵状长椭圆形，长 10 ~ 25 厘米，宽 5 ~ 15 厘米，先端锐尖或渐尖，
纸质或厚纸质，全缘。 3. 圆锥花序顶生，花序长 10 ~ 20 厘米，具多数分歧，同一花序上
常雄花与雌花并存。

4. 花白色，花径1～1.5厘米，雄花有雄蕊20枚左右，排成4列，花药黄色。雌蕊花柱2枚，深2裂，分歧成尖锥状。（图为雄花）5.果实球形至卵形，略扁平，果径7～10厘米，先端钝圆，表皮有茸毛。6.种皮木质，坚硬，长3～4厘米，灰褐色，表面有相当美丽的纹路，且每颗都不一样，常被制成吊饰。

无声绽放的夏日火花

雨树

植物小档案

中文名：雨树
别名：雨豆树（台湾地区）
学名：*Samanea saman* (Jacq.) Merr.
英名：Rain tree、five o'clock tree
科名：豆科 Fabaceae
花期：3 月～9 月
果期：8 月～11 月
原产地：热带美洲、西印度群岛

落叶大乔木，树高可达 20 米，树皮有剥落木栓层，灰褐色，树形优美。

　　夏天有绿荫宽广的树遮荫，是件非常幸福的事。信步行经雨树下，浓荫铺排，翠意沉静，树下儿童嬉戏，如银铃般的笑声回荡，情侣热情拥抱，一对老夫妻牵手走过，幸福就藏身于日常生活中。

拍摄地点：高雄卫武营
常见地点：台湾中南部常见栽植于公园、景观绿化带及道旁

夏季的花朵如无声的烟火在枝头砰然开放，热情优雅。

台湾乔木笔记：
雨树

嘉义朴子、台南市孔庙、屏东市中山公园、高雄中山大学、台南成功大学，以及高雄左营区海军体育场附近，都植有受到保护的雨树老树群。雨树生长快速，其姿态优雅，树冠幅宽，呈阔伞形，为优美的遮荫树。其边材是灰白色，心材金褐色，可制作家具、雕刻。雨树作为景观遮荫树，也是理想的减碳树种，其体内的叶绿体工厂，会把空气中的二氧化碳吸入，再排放出人类赖以生存的氧气。

树荫宽广，如霞之盆

"雨树"此名总给人许多疑问，以及极大的想象空间。关于其名字的由来有两种说法：其一，叶子在下雨前会把叶片闭合起来，雨水会直接穿过枝叶落到树底下，让丰富的雨水滋润到树干四周的地面；其二，此树开花时伴随着风吹，大量的雄蕊花丝会掉落地面，犹如下雨，因而得名。

雨树原产于热带美洲西印度群岛，从墨西哥南部到秘鲁、巴西都能看到它的踪影，美洲原住民常将其树干刨制成独木舟。17世纪时，雨树经由西班牙人引进到南亚，至此，便一路风尘仆仆从南亚到东南亚及太平洋岛屿。1903年日本殖民统治时期，日本人将雨树从印度引进台湾，因其属于热带树种而多栽植于嘉义以南地区。

分类上属豆科（Fabaceae）雨豆树属（*Samanea*），属名来自该植物在南美的俗名。此属约有20种，主要分布在热带美洲及非洲。雨树为落叶大乔木，树高可达25米以上。

雨树有类似蕨类植物的二回羽状复叶，歪卵状长椭圆形或略圆形，略呈镰刀状。叶子对光线非常敏感，在多云阴暗天气或下雨时叶片就会闭合，伴随着日出展开，我们称之为"睡眠运动"。睡眠运动可以降低夜间低温对叶片的伤害，酢浆草、望江南、马齿苋等都有这种现象。

花期从春天开始直到秋末，温暖地区的南部甚至终年开花，头状花序生长于枝端。花大，花径5～6厘米，花丝上部粉红至桃红色，下部粉白色，如女子化妆用的粉扑般美丽。秋后结果，木质荚果长可达15～20厘米，种子具有甜味，在南美洲地区是猴子的主要食物之一。

1

2

3

5

6

4

1.叶互生，二回羽状复叶，羽片2～5对，小叶2～8对，小叶对生，歪卵状长椭圆形或略圆形，略呈镰刀状，先端钝。2.树冠幅宽广，冠幅宽可达15～20米，头状花序生长于枝端。3.冬季是落叶缤纷的时节，虽无繁花绚烂，也用另一种美丽，宣告这一季的生命更替。4.花序呈头状，花径5～6厘米，红色，筒状，合瓣5裂，花丝长3厘米，花丝上部红色，下部粉白色。5.花萼、花瓣5枚，花丝成束且细长，一束约有雄蕊20枚以上，雌蕊1枚。6.荚果木质，长15～20厘米，扁平或略圆柱形，内有种子6～10粒，棕色，呈不规则状，径约1厘米。

東南亚的天然餐盘

翅子树

植物小档案

中文名：翅子树
别名：白桐、翅子木、阴阳树、槭叶翅
子木（台湾地区）
学名：*Pterospermum acerifolium* Willd.
英名：Maple-leaved Pterospermum
科名：梧桐科 Sterculiaceae
花期：6 月～9 月
果期：12 月～2 月
原产地：喜马拉雅山西部、印度、孟加
拉国、爪哇

常绿大乔木，株高可达 18 米，全株具星状
毛，小枝、芽及托叶密披茸毛，树干灰黑色，
粗糙。

　　暑假期间动物园中的热闹场景可以想象，除了白天看动物外，夜间
也有小朋友们的晚会。当旅客越来越多时，人群就像海水一样令人窒息。
尝试着远离人群，一股香气漫溢进来，这阵阵果香来自几棵高大的翅子
树。站在树下，人显得相当微小，原来只要抬头仰望，就能呼吸到芬芳
的新鲜空气。

135

拍摄地点：高雄寿山动物园
常见地点：台湾各地有零星栽植，主要供观赏

夜间开花，花萼5裂，像调皮的夜间小精灵把香蕉剥开后插在树上，非常可爱。

翅子树树干笔直、冠幅宽广、遮荫效果佳，常被运用于景观绿化。除了花朵，就连叶片也相当大，成熟的叶片长可达 35 厘米，东南亚地区称其为 Plate Tree（餐盘树），硕大的叶片被拿来当作盛食材的餐盘，甚至作为储存包装材料，厚革质的叶片，也能用来遮盖小木屋屋顶，防雨防晒。木材偏软，虽然不够坚硬，却有特殊的弹性，可以制作木箱等器具，在东南亚地区常被当作柚木的替代品。

树上长香蕉？

梧桐科（Sterculiaceae）共有 70 个属，大约 1500 种植物，包括乔木及灌木，绝大部分生长在热带地区，其中最著名的可可树果实可以用来制造巧克力，以及可口可乐。此外，梧桐为树中之王，古代相传为灵树，能知时令。《闻见录》载："梧桐百鸟不敢栖，止避凤凰也"，作为百鸟之王的凤凰身怀宇宙，非梧桐不栖。而唐代许多著名的古琴都是用梧桐木造的，梧桐于古琴，亦如宣纸于书画，本是天作之合。

翅子树属共有约 43 种，分布于热带亚洲。属名 *Pterospermum* 源自希腊语 **Pteron** 和 **Sperma**，意为"有翅的种子"，这也是翅子树名字的由来。翅子树原产于喜马拉雅山西部、印度、孟加拉国及爪哇地区，生长于海拔 1000 米以下的阔叶林带。

既然台湾地区称为"槭叶翅子木"，你可能以为叶子很像槭树吧？实际上，看遍整棵树也很难发现一丝槭叶的影子，大概只有在它萌蘖展开新叶时，才能看见槭叶的样子。翅子树为常绿大乔木，树高可达 18 米以上，小枝、芽及托叶密披茸毛，全株具星状毛。叶片厚革质，呈盾状，叶面绿色，叶背灰白或淡褐色，风一吹两种颜色相互辉映，非常漂亮。

花期在夏季，尚未开花的花苞长度可达 20 厘米，矗立在树上，远远望去很像一根根的香蕉。夜间开花，5 裂的花萼开展后，像是调皮的夜间小精灵调皮地把香蕉剥开后插在树上，并释出一股淡淡幽香，传达给昆虫以及人们的嗅觉器官。花后，木质的果实随即成长，经历一段时间，果实成熟迸裂后，薄如蝉翼的种子，就会如螺旋桨般缓缓飘落。

3

4

1. 花单生，腋出，花苞 5 ~ 7 裂，花径达 15 厘米，花萼粗厚，5 裂，裂片呈线形长椭圆形，花瓣 5 枚，瓣厚，纯白而有香蕉香味，雄蕊基部合生，假雄蕊 5 枚，完全雄蕊 10 枚。2. 蒴果木质，具褐色毛，长 10 ~ 15 厘米，5 裂，内具翅状种子。3. 花朵巨大，未开时像一根根香蕉矗立于枝条顶端，开花时则有如剥皮的香蕉。4. 叶厚革质，较大，盾状，圆或长椭圆形，长可达 20 ~ 30 厘米，宽达 16 厘米，叶全缘或具不整齐粗锯齿，掌状脉叶背灰白或淡褐色。

世界驰名的香料树种

酸豆

植物小档案

中文名：酸豆
别名：罗望子、酸角、酸子、九层皮、泰国
甜角、酸梅树、亚参（森）果
学名：*Tamarindus indica* L.
英名：Tamarind、Tamarind-tree
科名：豆科 Fabaceae
花期：5 月～ 9 月
果期：9 月～ 11 月
原产地：非洲、尼罗河流域及亚洲南部热带
地区，中国台湾于 1895 年自印度引进

常绿乔木，树高 15 ～ 25 米，树皮灰黑色，
树冠幅宽广。

　　因为拥有众多沙洲与潟湖地形，从海上远观陆地，犹如鲸鱼的背部——"鲲鯓"的名字就是这样来的。台南，时序入夏，我不止一次站在这里观望，走过二鲲鯓炮台（亿载金城），斑驳的城墙与颓圮的炮台夹杂在护城河间。绕着城墙走一圈，老榕树、木麻黄、苦楝与芒果树交错，让夏季有了不同的风情。草地上一片翠绿，石碑旁矗立着几棵酸豆树，衬着蓝天，枝条优雅舒展，花朵飘零坠落。

拍摄地点：台南亿载金城
常见地点：台湾全岛零星栽培为观赏树种

半开的花瓣，似一只只的蝶儿，振翅欲飞，形态讨喜。

台湾乔木笔记：
酸豆

树姿优美，为优良的观赏树和行道树。木材颜色鲜红，由于密度高且耐久，可作家具与木质地板。酸豆又称罗望子或酸子，状如豆荚，味道酸中带甜，成熟后的豆荚去荚去籽后，常被挤压成一块块的砖形或片状，市面上更有粉末和浓缩果肉出售，其中以砖状保存的原味产品最佳，而来自泰国者则为上等。

果实可直接取食，食用时将果皮剥开食其果肉。未成熟的果实果肉酸涩，略似乌梅，通常用在开胃菜肴中，也常用于甜点、饮料和小吃，此外嫩叶亦常被制成香料。目前台湾零星栽培为景观树或行道树，从高雄卫武营公园、台南大学路东段和胜利路、嘉义植物园、亿载金城，到八里挖子尾，台湾由南到北都有其美丽的身影。

无国界的酸香滋味

喜爱美食的人或许品尝过印度微酸的咖喱、泰国凉拌青木瓜色拉，或是马来西亚槟城的代表性美食"亚参叻沙"，这些食物中除了有辣椒、芫荽、香茅和柠檬以外，就是靠着酸豆的特殊酸香来引领其他食材的口感。

酸豆最早起源于非洲热带地区，包括苏丹、喀麦隆、尼日利亚和坦桑尼亚，原产于面向大海的山坡上。然而早在公元前4000年以前，酸豆就已出现在印度，因此也有人说酸豆源自印度。中世纪时阿拉伯人发现它的美味，随即带入中东地区，16世纪时，曾被大量引入墨西哥，17世纪时由西班牙军队带往西印度群岛，至此，热带地区几乎都有了酸豆的踪迹。

酸豆于18世纪末至19世纪初引进台湾，植物分类上为豆科酸豆属，属名 *Tamarindus* 来自该植物的阿拉伯名称 Tamarhindi，此属仅此一种。常绿乔木，树高可达15～25米，灰黑色的枝干，树冠幅在翠绿的叶子下显得宽广。叶片偶数，羽状复叶，对生小叶有8～15对，长椭圆状线形，在菲律宾，酸豆的叶子常被用作茶饮，甚至在烤乳猪时放进乳猪肚子内当作香料使用。

春末至夏季开花，花与新叶同时抽出，着生于嫩枝先端或老枝两侧，花朵陆续绽放，不是轰轰烈烈而是细水长流。花径2.5～3厘米，花瓣5枚，3枚完全发育，下方2枚花瓣退化为鳞片状，花瓣具有黄色、橙色、红色条纹，单体雄蕊3枚，非常特别。9月开始结果，果熟在11～12月，圆筒状荚果掉落地面时，常被戏称为"狗粪"。殊不知其果实除了可食，还可以去除铜像上的污垢和绿色的铜锈呢！

1

2

3

4

1.偶数羽状复叶，小叶 8～15 对，对生，长椭圆状线形，叶全缘。 2.花径 2.5～3 厘米，花瓣 5 枚，3 枚完全发育，下方 2 枚花瓣退化为鳞片状，花瓣具有黄色、橙色、红色条纹，单体雄蕊 3 枚。 3.果实为荚果，线状圆筒状，略圆胖，长 7～20 厘米，黄褐色，种实间呈紧缩状，果皮脆薄，内含柔软褐色果肉及硬纤维，种子数粒。 4.总状花序，顶生，着生于嫩枝先端或老枝两侧，小花繁密。

伫立洄澜百年风情

红厚壳

植物小档案

中文名：红厚壳
别名：琼崖海棠、胡桐、海棠木、海
棠果、君子树、呀喇菩
学名：*Calophyllum inophyllum* L.
英名：Kalofilum Kathing、Indiapoon
Beatyleaf、Alexandrian Laurel
科名：金丝桃科 Guttiferae
花期：5 月～6 月
果期：10 月～11 月
原产地：中国台湾恒春沿海一带、海
南岛及太平洋岛屿、琉球、印度、马
来西亚、澳大利亚

红厚壳常见栽植为行道树，台湾花莲市明礼
路上有近百年的红厚壳行道树。

　　19 世纪初（清嘉庆十七年）到花莲移垦的汉人，看见花莲溪溪水奔
流与海浪冲击作萦回状，"洄澜"这美丽的名字便浮现在脑海里。八月
的盛夏，为了一次远行，凌晨三点从台中出发，越过合欢山，便看见属
于夏日的蓝与绿在蜿蜒的新中横山路上展露。午后，进入花莲市区，当
然要去拜访 1908 年为了纪念花莲医院落成，在医院马路旁栽植的红厚壳。
脑子里计算一下，这些行道树也已超过了百年。这由红厚壳构筑的绿色
隧道百年来屹立不倒，让人不禁产生敬畏之心。

花紧密丛生于枝梢，众多的黄色雄蕊把花瓣衬得更加洁白。

红厚壳是构筑海岸林植物带绿色长城的主角之一，它具有止痛、消炎和帮助结痂的特性，在南太平洋群岛也是一种传统药材。其果实常被用来压榨一种富含三酸甘油酯的黏胶物，这种黏胶物质已被好几个国家用来当作治疗烧烫伤的愈合剂和止痛剂，早先红厚壳还曾被用来治疗麻风病。成熟的果实可食用，味道清甜，具有纤维感，较细的纤维质有点像是甘蔗，或是纤维较粗的甘薯，果肉可腌渍软化后食用。除了具有观赏价值、药用、食用价值外，它更是良好的家具及船舶用材。

优秀的防风林与行道树树种

金丝桃科，又称藤黄科或山竹子科，共有27属，约1090种，主要产于热带地区。红厚壳属台湾仅产两种，一为兰屿红厚壳，另一即为红厚壳。红厚壳属 *Calophyllum* 源自希腊文，意思是"美丽的叶子"，种加词 *inophyllum* 意为"细脉的叶"，形容其漂亮的革质叶、富有光泽且致密的平行叶脉。红厚壳有个美丽的洋名叫 Alexandrian laurel（亚历山大桂冠），南海地区称之为 Tamanu，夏威夷则称其为 Tetau。

红厚壳原产于中国台湾、琉球、印度、马来西亚、澳大利亚、海南岛及太平洋岛屿。在台湾地区天然分布于恒春沿海、兰屿一带。浑圆的果实可随潮水漂浮，并着陆定居，是典型的海漂林树种，也是海岸林植物带重要树种之一。性喜湿热环境，树冠呈波状圆形，抗风、耐旱、耐盐性强，是极佳的防风林及行道树树种。

红厚壳为台湾原生树种，常绿乔木，树高可达 10 ～ 15 米或更高，因树皮红而厚，故名"红厚壳"。叶片大，长可达20厘米，对生，厚革质，椭圆形或倒卵形，具光泽且有致密的平行叶脉，为良好的遮荫树种。夏季开花，总状花序丛生于枝梢顶端，花白色，花瓣4枚，搭配众多金黄色雄蕊，非常醒目，也为夏季带来阵阵香气。

秋末结出果实，核果因圆滚滚的可爱外形而被戏称为"龙珠果"。果径 3 ～ 4.5 厘米，由绿转赤褐色时即成熟，具有甜味，可生食，唯果皮难剥，果肉薄。内有种子1枚，种子球形，径 2.5 ～ 3 厘米，种皮坚硬，亦可加工制作成吊饰，为生活增添另一种乐趣。

1.叶对生，厚革质，阔椭圆形或倒卵状椭圆形，圆头略为凹形，全缘，两面光滑无毛。2.花朵具有香味，站在树下，空气中不时传来一股迷人的花香，花朵也常吸引蜜蜂及金龟类昆虫前来吸食花蜜。

3. 常绿大乔木，树高可达 10 ～ 15 厘米或更高，开花时期满树白花，非常耀眼吸睛。 4. 花白色，花瓣 4 枚，金黄色雄蕊多数，花基部合生，花药底生，子房 1 室。5. 果为核果，球形，下垂，果径 3 ～ 4.5 厘米，果梗长，绿色，有肉质的外果皮，成熟时果色由绿转褐色。

兰屿原住民的珍宝

台湾新乌檀

植物小档案

中文名：台湾新乌檀
别名：海木杳、海杳、榄仁舅（台湾地区）
学名：*Neonauclea reticulata* (Havil.) Merr.
英名：False indian almond
科名：茜草科 Rubiaceae
花期：6 月～ 9 月
果期：9 月～ 11 月
原产地：中国台湾、菲律宾

落叶乔木，树高 7 ～ 25 米，树冠卵形。

　　穿越南回公路，沿着太平洋北上台东，按卫星导航指示顺着蜿蜒山路，左转，沿下坡路段缓慢移动，进入寂静的山中小村，映入眼帘的是整齐的房舍与山峦叠翠的大武山。视野开阔如凌空鸟瞰，满眼葱翠山峦，鸟语蝉鸣不绝于耳。微风阵阵吹拂，传来悄然耳语，细诉着季节变换；各种植物的叶落、萌蘖、花开、结实，有心或无意地提醒着四时的运行。二月初春时，台湾新乌檀会抽出嫩芽的模样，透露春的讯息，夏天夜间的花朵则会以烟火之姿展现……

拍摄地点：台东达仁
常见地点：在台湾地区分布于恒春半岛、小琉球、兰屿及绿岛等地的海岸林或溪流边，
　　　　　常被栽种为滨海景观树、行道树

洁白玉花缀上枝头，独具风韵，体现出生命不同阶段的美。

台湾乔木笔记：
台湾新乌檀

对大众而言，台湾新乌檀是陌生的，然而在兰屿原住民心目中，这种植物在日常生活中是不可或缺的。雅美族的渔船早已远近驰名，而我们常以"独木舟"来称呼，其实是严重的误解，因为它是通过精心选取不同的树种，包括台湾新乌檀、台湾胶木、贝木等 13 种树木，依木材特性分别选出龙骨、边板、船底、木钉、船折等船身各部位之木材，相当考究。虽然多限于初级的技术层次，但均融入了高度的原始智慧，原住民日常生活中用到的器物因此也常成为高度的艺术结晶。

荣耀夏夜的火花

台湾有句谚语："天顶天公，地下母舅公。"举凡乔迁之喜、外甥结婚宴席，母舅必定坐上席。从遗传学来看，甥舅之间，本就有血亲关系，有相近或相同的遗传性状，是天经地义的事。台湾地区也常以某某舅来给植物命名，意指两种植物的外部特征具有很大的相似度，例如常见的鼠曲舅、石苓舅、乌心石舅、榄仁舅等。但这些被称为"舅"的植物，只是外部特征相近而已，实质关系可能相去甚远。

台湾新乌檀为茜草科 Rubiaceae 新乌檀属 Neonauclea 落叶乔木，属名 Neonauclea 由希腊文 neo-（新）和乌檀属 nauclea 组合而成，意指其类似乌檀。此属共有约 40 种，分布于热带亚洲和中国台湾、太平洋岛屿和菲律宾，中国台湾主要分布于恒春半岛、小琉球、兰屿及绿岛等地的海岸林或溪流边。

台湾新乌檀的叶片极大，叶片中间有 2 枚青绿色且直立的巨大托叶，是一眼就可以辨认的特色之一。冬天落叶，初春抽出嫩芽，新叶会出现赭红色或橘红色，非常耀眼。进入初夏时，不久前的新叶开始变成一片青绿，覆满整个枝条，此时花朵也正慢慢开始育蕾，自叶片顶端冒出，三颗球形带有长柄的模样，像棒棒糖或小麦克风般，非常可爱。

近五月时节，台湾新乌檀在夜间绽放，如烟火般绚烂。筒状花冠有 5 片棍棒状的裂片，白色花冠漏斗状，花柱很长，突出于花冠外。可惜花开花谢过程仅短短几个钟头，清晨时花朵多已萎靡。夏末结果，果实由多数蒴果组成聚合果，果径 4～5 厘米，成熟时呈褐色球状，种子长椭圆形，首尾两端有翼，可帮助传播。

1

2

3

1.头状花序，顶生，球形，单生或2～3枚丛生。 2.夜间开花，白色，花序径3～4厘米，花梗长达8厘米。 3.花萼、花冠5裂，略被毛，花萼短筒形，花冠长漏斗状，雄蕊5枚，位于花冠筒内，花柱长，开花时由花冠筒中伸出。 4.树皮灰褐色，会呈现深浅不同的环纹。 5.冬季落叶，初春抽出嫩芽，新叶赭红或橘红。 6.叶对生，倒卵形至宽椭圆形，先端钝或短锐尖，叶柄短或无，具托叶，早落。

充盈鼻间的夏日清新

栀子

常绿灌木或小乔木，一般有 1 ～ 4 米高。

植物小档案

中文名：栀子
别名：山黄栀、山栀子、山黄枝、木丹、
林兰、栀子、檐卜、越桃、黄枝、黄枝花、
黄栀子、黄栀花
学名：*Gardenia jasminoides* Ellis.
英名：Cape jasmine、Common gardenia
科名：茜草科 Rubiaceae
花期：4 月～ 6 月
果期：8 月～ 11 月
原产地：中国台湾、大陆南部、中南半岛、
日本

犹记小时候，父亲总会利用空闲带我出门，到市中心吃上一碗热腾腾的肉羹。昏暗的市场里亮着几盏灯，简陋的摊子前摆着几条长板凳和桌子，客人总是络绎不绝。点餐后，无论是面或饭，上桌前店家都会在上面摆一片黄萝卜，挑食的我总将黄萝卜挑出来放在一旁，父亲从来不骂也不说，只是将黄萝卜夹走，往自己嘴里塞。直到有一次，场景依旧，他夹起黄萝卜片后却说："这是白萝卜的'御服'，就像日本的王室贵族那样的服装。"这句话让我疑惑了许多年，长大后才知道，原来在这袭"御服"下，有种味道一直留存在父亲的脑海里。

拍摄地点：台中新社
常见地点：台湾全岛低海拔平原及阔叶林中

浓浓的绿荫深处，阵阵栀子花香扑鼻，只要深深吸一口，就会嗅到初夏的清新。

卤肉饭、火鸡肉饭上，总会摆放一片腌黄萝卜。台湾地区的腌萝卜源于日本，日本人制作腌萝卜的方式非常简单，将萝卜日晒脱水后放入铺好的米糠床里，加入昆布和柿皮一起腌渍，几个月后就完成了水灵诱人的黄萝卜。传入台湾后，做法有了改变，由于气候和腌渍手法不同，台湾的腌萝卜一开始是没有颜色的，但为了保留黄萝卜的原形，早期会使用天然的黄色染剂（山黄栀果实）来处理。山黄栀除了可以作为染料外，经过提炼还能成为香水原料，花晒干可制花茶香料，更是著名的香花植物。

花中之王

山黄栀的果实含藏红花素（黄色素），又因开花结果后的模样和古代酒杯相似而得名"黄栀"，是古老的天然染料及食品用黄色着色剂。早期原住民将山黄栀称作"柯富饰"，其意为"花中之王"，在原住民的心中具有相当崇高的地位。

分类上为茜草科（Rubiaceae）黄栀属（*Gardenia*），属名是为了纪念苏格兰医生 Alexanderc Garden（1730-1791 年）。黄栀属约有 250 种，分布于热带和亚热带地区，中国台湾至少有斑叶黄栀、矮性黄栀以及大花重瓣黄栀三个园艺栽培品种，原生种仅有山黄栀一种。

山黄栀产于中国台湾、大陆南部、中南半岛和日本，台湾全岛低中海拔1600 米以下的阔叶林中均能看见它的身影，性喜温暖及充足阳光。常绿小乔木，一般有 1 ~ 4 米高，墨绿油亮的叶片多呈椭圆形或长椭圆形，两面都是光滑无毛且摸起来像是厚纸质地。

每年 4 ~ 6 月开花，花朵单一且大型，花径可达 5 ~ 6 厘米，硕大花朵有白有黄开满一树，香气浓郁醉人。刚开放时为纯白色，洁白似雪，随着花朵渐渐成熟转为乳黄色，艳黄如锦缎般唯美，为著名的香花植物。花瓣数从 5 枚到 9 枚都有，中央有明显黄色长椭圆形的花柱，就像戒指上的戒石凸起，底部浅褐色花药，像纤细的小爪般镶嵌在雪白花冠裂片上，非常精巧！夏末结果，果实为不开裂的浆果，具棱状，呈长椭圆形，并向上延伸出一段美丽的弧度，成熟时变成橘黄色，常吸引成群的野鸟前来取食。

花色会由白变黄，转黄后花朵随即陨落。

159

1

1.花白色，单生，芳香，花冠钟形，裂片5～9，狭长椭圆形，雄蕊与花冠裂片同数，花药线形，花柱略伸出，柱头呈头状。 2.树形优美，花朵开满一树，有白有黄，洁白似雪，艳黄如锦缎，许多校园、公园或餐厅庭院里，都当作景观树栽培。3.浆果长椭圆形，长约3厘米，具5～8棱，冠有宿存凿形萼片，果熟呈橘红色。4.叶对生，椭圆形至长椭圆形，长5～15厘米，宽3～7厘米，基部锐形，全缘。

2

3

4

五桠果

植物小档案

中文名：五桠果
别名：拟枇杷、假枇杷、第伦桃（台湾地区）
学名：*Dillenia indica* L.
英名：Indian Dillenia、Hondapara
科名：第伦桃科 Dilleniaceae
花期：4 月 ~ 6 月
果期：6 月 ~ 11 月
原产地：中国云南、印度、孟加拉国、斯里兰卡、爪哇、菲律宾

常绿乔木，植株可达 15 ~ 25 米，树形高大挺拔，形态优美。

我喜欢小草也喜欢大树，无论走到哪里，眼睛总会停留在植物上，即便在高速公路服务区内的小公园里，也能从中发现许多乐趣：蓝花楹、采木、油桐树、相思树、肯氏蒲桃绿荫夹道，空气中弥漫着甜蜜的花香。冬末初春时，走在树下，你常会看见树干上挂着一块牌子，写着斗大的几个字："小心落果"。好奇地抬头一看，心中不免惊呼，这果实真的很大！传闻牛顿被苹果击中而意外发现万有引力定律，但如果换成被五桠果打到，那肯定来不及思考万有引力定律就晕倒了。

拍摄地点：国道三号关庙服务区
常见地点：台湾偶见栽种为景观树、行道树

雄蕊多数，心皮20枚，花柱线形而外曲，柱头呈菊花状开展，盛开时花香盈园。

台湾乔木笔记:
五桠果

五桠果秋天至冬天结果，果实多汁而酸，在印度，五桠果的果实因受亚洲象喜爱而有"大象苹果"的昵称。除了果实具有食用价值，在印度，人们将其萼片当成蔬菜食用，而马来西亚则多运用于制作咖喱，也可制作成果酱或果汁，与柠檬一样作为酸性饮料。树皮与树汁也有不同的用途。冬末春初时是果实的落果期，果实厚重坚硬，因此常传出砸伤人或砸坏车子的负面新闻。虽然具有潜在的安全问题，但仍不失观赏价值。

似桃又似枇杷

纵观台湾植物引进史，日本殖民统治时期只有短短 50 年（1896-1945 年），却引进了大量植物。日本人大量引进热带及亚热带经济植物，引进的植物类别复杂，从蔬菜、粮食、水果、饮料等食用作物，到造林、观赏植物甚至到都会区的行道树，如南洋杉类、紫檀类、木麻黄、五桠果、掌叶苹婆等，都是此时期引进的。

五桠果在台湾地区叫"第伦桃"，但认真说来，它不是桃子，只是果实外面包着肥厚的萼片，长得很像绿色的桃子而已！属名 *Dillenia* 是为了纪念德国籍医生、英国牛津大学植物学教授 John Janes Dillenius（1684-1747 年）。因叶与枇杷叶相似，五桠果又有"拟枇杷"或"假枇杷"的称呼，有趣的是因叶片质感粗糙，有人叫它"洗衣板"。

五桠果是来自夏威夷的热带植物，属五桠果科，此科有 18 属约 60 种，分布在热带及亚热带地区。常绿乔木，植株可达 15 ~ 25 米，树形高大挺拔、形态优美、叶片大而翠绿、遮荫效果佳，19 世纪初引进台湾种植，在校园、都会区道旁、公园绿地颇为常见。

初夏开花，花白色，犹如大碗，花径达 20 ~ 25 厘米，非常美丽，盛开时花香盈园、满园芬芳。秋至冬季花谢成，在印度森林中，深受大象、猴子、鹿等动物的喜爱，也是它们的食物来源之一。为了防止森林食物链失衡，当地政府规定不得采集五桠果果实，也禁止贩卖五桠果。

1

1. 果实不开裂，浆果状，果径 12 ~ 16 厘米（含包被的花萼片），肥大浆果外包被宿存的革质花萼，内藏多数肾脏形而边缘有毛的种子，种子无假种皮。 2. 单叶互生，具叶柄，叶片大而茂密，叶缘有粗锯齿，有人形容叶如洗衣板。 3. 枝条向上开展，树冠伞形，树姿优雅、整洁，为良好的绿化树种。 4. 花单生于枝顶叶腋内，花苞很容易让人误以为是果实，但大小与果实差异很大。 5. 花白色，较大，花径 20 ~ 25 厘米，呈下垂状，花萼片 5 枚，略呈杯形，肉质肥厚，花瓣 5 枚。

2

3

4

5

仲夏树上长番薯

吊灯树

常绿乔木，树高可达 20 米或更高，树冠伞状，是良好的遮荫树种。

植物小档案

中文名：吊灯树
别名：非洲葵菊果、腊肠树
学名：*Kigelia africana* (Lam.) Benth.
英名：Sausage Tree
科名：紫葳科 Bignoniaceae
花期：4 月 ~ 6 月
果期：6 月 ~ 11 月
原产地：热带非洲，中国台湾于 1922 年引进栽植

　　传统古厝、红色的屋瓦、纯朴的三合院，绿意盎然的中庭与古朴自然相互辉映，油纸伞、擂茶、粄条更添加了客家风情，这是美浓给我的第一印象。城乡之间，一路上田野风光映入眼帘，即便一期稻作刚过，也难掩山城的美丽。笔直道路上，车慢了，人也慢了，一切的缓慢，似乎来自山城传统。道路两旁，绿荫扶疏，各种行道树各有意趣，不仅让街道呈现出独特的多元风格，更让山城充满乐趣。

拍摄地点：高雄美浓区
常见地点：台湾偶见栽种为景观树、行道树

花大，紫红色的花朵犹如穿着一袭紫红礼服，与蝙蝠在夏夜间谱出一曲恋歌。

168

每年 6 至 11 月是吊灯树的结果期。因为果期长，常吸引游客驻足观赏，也不时有人们惊讶地误以为这是番薯或马铃薯。果实模样像番薯，其实果肉很硬且有微毒，不可食用。果实坚硬且硕大，成熟后会自然掉落。植株高大，果实距离地面 4 ~ 5 米，因此行经吊灯树时要特别留意，以免被落果击中而受伤。果实虽不可食用，但在缺乏粮食的非洲，种子经过火烤，可以代替粮食，而干燥的果实也可成为清洁用具，用法与我们生活中使用的菜瓜布相同。

花朵散发出夜晚的气息

果形特殊，酷似洋香肠，所以又有"腊肠树"之称。原产于热带非洲地区，属名 *Kigelia* 系该植物在非洲莫桑比克俗名的拉丁化。中国台湾于 1922 年日本殖民时代引进栽植为绿化之用。台湾全岛各地均有零星栽培供观赏用，多种植于庭园、公园或道旁，除了高雄美浓一带，包括嘉义市运动公园及台北市辛亥路至罗斯福路皆有栽植。

身为热带树种的吊灯树是大乔木，树形呈伞状，树高可达数十米，树径可达 40 厘米，雨量充足时，可以是常绿乔木；遇到干旱时，又变成落叶树。花期在春末至夏季，总状花序长而下垂，花大且呈暗紫红色，漏斗状，花径约 10 厘米，花冠先端 5 裂，花朵略上扬，雄蕊 4 枚，2 长 2 短，长者与冠筒略等，冠筒下部尚有一退化雄蕊的痕迹，花柱细长。吊灯树花朵的颜色和香味给人一种夜晚的感觉，它通常在夜间开放并散发浓郁气味，吸引蝙蝠吸食并为它传粉，清晨则满地落花。

吊灯树果实略呈细长圆柱状葫芦形，长达 30 ~ 50 厘米，肉质硬，一颗果实重达 5 ~ 10 公斤，不可食用，但在非洲被用作医治皮肤病的药物，也是哺乳动物主要的食物来源之一，包括狒狒、大象、长颈鹿、河马、猴子及依靠捡拾果实维持生活的豪猪都会来吃，而种子也随着它们的粪便到处传播。

1.叶对生，一回奇数羽状复叶，小叶 7～9 枚，椭圆状长椭圆形或倒卵形，长可达 15 厘米，全缘或有锯齿。 2.果实乍看酷似番薯或马铃薯，成熟不开裂，略呈细长圆柱状葫芦形，长 30～50 厘米，重量可达 5～10 公斤。

3

4

3.总状花序，花序多从树干上长出，长可达 40 厘米，花柄长 6 ～ 10 厘米，花萼筒状，先端截断状或浅 5 裂。 4.花两性，暗紫红色，花径约 10 厘米，雄蕊 4 枚，其中 2 枚较长，略伸出于花冠外。

璀璨烟花

玉蕊

植物小档案

中文名：玉蕊
别名：水杠仔、水贡仔、水茄苳、穗花棋盘脚、
穗花棋盘脚树、细叶棋盘脚树
学名：*Barringtonia racemosa* (L.) Bl. ex DC.
英名：Small-leaved barringtonia
科名：玉蕊科 Lecythidaceae
花期：6 月 ~ 10 月
果期：8 月 ~ 11 月
原产地：亚洲热带地区、非洲、澳大利亚及
太平洋岛屿

常绿乔木，树高可达 10 米，树干短而粗，
在自然生长环境中偶见形成板根。

　　傍晚时分，吹起阵阵凉风，夕阳渐渐没入地平线。公园池畔蛙鸣四起，
而玉蕊却刚开始精彩的一天，老一辈人认为夜间开的花朵有违白天开花
之原则，所以称它们为"魔神仔花"。玉蕊的花朵只有在晚上才会绽放，
想欣赏它的美丽，不是得打着手电筒去看，就是得赶在清晨阳光尚未升
起时前往，因为只要阳光一出现，花朵就会一朵朵凋落。

拍摄地点：台中市景贤公园
常见地点：台湾北部宜兰、基隆、金山、贡寮一带海岸地区及南部恒春半岛的滨海地区

夜间绽放后旋即凋谢的花朵。

台湾乔木笔记：
玉蕊

玉蕊在台湾为重要的观赏树种，多栽植于池畔。玉蕊木材轻软质脆，易腐朽，本身并无多大利用价值，但在台湾东北部贡寮、双溪一带，它曾扮演着相当重要的角色，农人用它做树篱以应对东北季风的侵袭，早年沿海居民偶尔将它拿来当薪柴使用，当化学药剂氰化钾未普及时，其果实及种子还被用作毒鱼药剂。玉蕊的果实、种子和树皮中含有皂苷，对细胞膜具有破坏作用，可用于毒鱼、灭螺、摧毁毒性细胞的活性，捣烂的果实或磨成粉末的种子，可使鱼类晕厥或窒息，而鱼肉则不受影响。

海岸边缘的夜间精灵

　　玉蕊在植物分类上属于玉蕊科玉蕊属，属名是为了纪念英国植物学家及博物学家 Hon. Daines Barrington（1727–1800 年）。此属约有 45 种，原产于热带地区，在中国台湾棋盘脚植物仅有两种玉蕊属植物，一种为棋盘脚树，另一种则为玉蕊。棋盘脚名称的由来，只要观察它与众不同的果实外貌即可明白。

　　在台湾地区主要分布于宜兰、基隆、金山、贡寮一带及南部恒春半岛的海岸地区。低海拔山地地形陡峭处，常呈现 V 字型谷地，形成的溪流面窄小，但往往到了下游仍保留一般河川上中游的特性，亦即溪面较窄，溪流流速较大，溪口纵有涨退潮，淡水的影响仍较咸水为大，这样的环境有利于果实具有海漂特性的植物传播与繁殖，这也是我们在海岸淡水溪流河口及湿地中能见到玉蕊的主要原因。

　　玉蕊为常绿小乔木，树龄较高者，树高可达十多米，巨大的叶片生于枝梢顶端，光滑且具波状。种加词 *racemosa* 意为 "总状花序的"，因而又有穗花棋盘脚之美名。其花与昙花一样，有着昙花一现的梦幻变化。一般来说，在傍晚五六点，花蕾开始蓄势待发，准备呈现芳姿，一两个小时之后盛开，带有一股淡雅清香，晚间九十点一直到午夜，花朵绽放达到巅峰，而在日出后，雄蕊陆续掉落，夜晚的灿烂随即终止。

　　开花成穗，状如粉扑，雄蕊数量之多使之成为此属中的佼佼者，相较于单一的花柱，如此多的雄蕊是为了提高授粉概率，因为授粉昆虫需有很长的吸器，才能吃到花冠筒深处的蜜汁，而在雄蕊成熟前，花柱即已伸长突出至外头，是为了避免自花授粉，这不能不令人赞叹大自然的巧妙。

1. 夜间开花，排列成总状花序，花序长 20 ~ 80 厘米，一穗 8 ~ 20 朵或更多，开花时有淡淡香气。 2. 清晨时，一地落花好像毛茸茸的白色地毯。

3

4

5

3. 单叶互生，丛生于枝条先端，长椭圆状倒卵形或长卵形，叶大，长 22～35 厘米，叶缘呈
钝锯齿或波状。4. 花径 6～8 厘米，花瓣 4 枚，卵形或长椭圆形，先端钝，白色或淡黄色，
有时带粉红色，雄蕊 200～300 多枚，线形花丝细长，雌蕊 1 枚，花柱细长，红色。5. 果
实为长椭圆形，略呈四棱形，外形很像番石榴，外果皮淡紫色，中果皮具纤维质。

浓馥芬芳的香气王后

依兰

依兰树高 15 ~ 20 米，主干挺直，树皮灰白色，具光泽。

植物小档案

中文名：依兰
别名：香水树、加拿楷、依兰香、绮兰树
学名：*Cananga odorata* (Lam.) Hook. f. & Thoms.
英名：Ylang Ylang
科名：番荔枝科 Annonaceae
花期：5 月 ~ 11 月
果期：6 月 ~ 12 月
原产地：印度、泰国、印度尼西亚、马来西亚、缅甸、老挝以及菲律宾等地；现在世界各地热带地区均有栽培。

　　夏天的清晨，阳光早已迫不及待地洒落一地。沿着爱河行走，有大树遮荫，减缓了夏天的暑气。城市的天空蔚蓝，倒映在河岸水面上，九重葛、凤凰木在整个河岸边蔓延。凤凰木正迎接六月天的到来，高耸的铁刀木树冠顶端开着一丛丛茂密的黄花，如粉扑般的大叶合欢花也展开了花瓣。沿着天桥进入公园，空气中飘来淡淡花香，这是一股熟悉的味道，一抬头就看见了依兰绽放的黄绿色花朵，仿佛在宣告一切都是为了迎接这个夏季。

拍摄地点：高雄市盐埕 228 和平公园
常见地点：台湾偶见栽种为观赏树、行道树

依兰香融合了大多数花卉、水果和木材的香味，所提炼之精油被誉为"香水王后"。

178

依兰常被栽种为庭园观赏树种，花可提炼香精，花瓣蒸馏可得依兰油。蒸馏提取的精油具有独特的浓郁香味，可制造香水、香皂、润肤乳液等。依兰香融合大多数花卉、水果和木材的香味，著名的香奈儿 No.5 香水及 Carven 香水以其精油为基调，风靡世界各地，依兰精油因而有"香水王后"的美称。此外，其木材质轻且脆，除了可制作小型船舶、家具外，也被用于制作木雕。

香气罕见，又名"穷人的茉莉花"

电视连续剧《甄嬛传》里，嫔妃安陵容为了与甄嬛争宠并求得皇帝的怜惜，用来媚惑雍正皇帝所用的香料，就是用依兰香搭配蛇床子（伞形花科植物）制成的复合香料，她凭这股香气在后宫争宠中无往不利，而依兰香这种神奇的香料，正是从依兰树中提炼出的。

依兰原产于东南亚各国，是著名的香水树种。日据时期植物研究学者田代安定在台湾任职时，就引颈企盼引进此种乔木，当横山技师于 1901 年出差至马尼拉带回两株依兰小苗时，田代氏慎重地栽植于恒春热带植物育苗场，并悉心照料。目前全岛均有零星绿化栽培观赏。

依兰的英文名 Ylang-Ylang，源自菲律宾他加禄语，意为"罕见"，指它特有的芳香极为罕见。依兰是一种热带乔木，因品种不同而有粉红、鲜黄的花朵，以黄色花朵香气较为浓郁，因此常被用于提炼精油。精油广泛用于芳香疗法，在亚洲东南部被用作催情、增进魅力的良方；因具有强烈的花香，有时也被称为"穷人的茉莉花"。在印度尼西亚，依兰花会被铺在新婚夫妻的床笫之间；在菲律宾，它的花会与茉莉花一起被串成项链，佩戴在妇女身上或用来装饰宗教图像。

依兰为常绿大乔木，生长迅速，树高可达 15～20 米，枝条平滑纤细，轮生下垂，呈披覆状。从夏天到冬天几乎都能看见下垂的枝条顶端为数众多的花朵，花期甚长也是一大特色。花瓣 6 枚，呈带状，花朵一开始为绿色、无香味，约莫数天后，花瓣由绿转黄，此时芳馨四溢，同时也代表花朵开始进入凋谢期。果实为浆果，初为绿色，成熟后变成紫黑色。

1

2

3

4

1.单朵或数朵簇生，萼片3枚，雄蕊150～160枚，心皮12～13枚。2.花瓣6枚，呈带状，扭曲下垂，初开为淡绿色，成熟后转为黄色，芳馨四溢，香味在夜间更为显著。3.6月～12月结果，果实为浆果，初为绿色，成熟后为紫黑色，是许多鸟类的食物来源。4.单叶互生，排成二列，长椭圆形，基部圆或钝，厚纸质，叶缘呈波状。

质轻而软的拟饵材料

台湾鱼木

植物小档案

中文名：台湾鱼木
别名：三脚鳖、三脚桌、牛角歪
学名：*Crateva formosensis* Jacobs
英名：Spider Tree
科名：山柑科 Capparidaceae
花期：4 月～6 月
果期：5 月～7 月
原产地：中国台湾特有亚种

半落叶乔木，树高可达 10 米以上，树皮平滑，小枝有白色皮孔。

　　如果说立夏是夏季的起点，夏至也顶多是夏季的"中点"。六月中旬，路旁的小孩眯着眼、哈着气消暑，马路边上菠萝田里一颗颗菠萝都戴上了遮阳帽。带家人到乡下走走，走访庙宇、田园，事实上只是想寻找一处静谧的角落。酷热时，大树是最好的朋友，偶尔风扰动了叶子，就能感受到叶潮发出的声响中夹带的一股凉意。旅行是一件有趣又新奇的事，能遇上什么事也说不定，就像这次我们巧遇了鱼木。

拍摄地点：嘉义大林镇

常见地点：台湾全岛海滨及海拔 600 米以下的低地山区，以恒春半岛与中北部海岸较为
　　　　　常见

花朵绽满枝梢，犹如翩翩起舞的蝴蝶，伴随着淡淡花香。

台湾乔木笔记：
台湾鱼木

鱼木因木材质地轻而软，可雕刻成小鱼状，作为鱼型拟饵，拟饵有个正式名称叫"路亚"。传说19世纪初，美国人豪顿氏在河边钓鱼，他手里拿着一块小木片，一边把弄一边与朋友聊天，一不小心把木片掉进河里，随后立刻被一条鱼叼走。这个偶然事件，触发了他的灵感，此后他发明了世界上第一个路亚。鱼木无论树形、叶片或花朵都极具观赏价值，台湾地区从北到南，如南港中研院公园、东山服务区、新化休息站等地，都可见到作为景观树栽植的鱼木。

牛贩与兽医的神奇之树

山柑科植物在台湾原本就属于弱势家庭，此科植物包括乔木、灌木、藤本，少数为草本植物，花的形态与园艺栽培的醉蝶花相当类似，大部分为幼蝶的食物。鱼木属在台湾仅有两种，一种是产于太平洋群岛的加罗林鱼木，另一种就是台湾产的鱼木，属名拉丁文 *Crateva* 源自罗马时期的希腊草药学家 Krataevas，此人以毒药学出名。

鱼木因木材质轻而软、具有浮力和易雕刻等特性而知名。台湾鱼木被视为台湾特有亚种，主要分布在全岛海滨及海拔600米以下的低山地区，包括台北、宜兰、云林、嘉义、台南、高屏地区及恒春半岛都能发现其踪迹，另外离岛的澎湖也有分布。

早年人们利用大自然中的东西来获得生活所需，鱼藤可以用来毒杀和猎捕鱼类，鱼木同样也有这种功能，台东鲁凯族人将鱼木的树皮捣碎后放到溪里捕捉鳗鱼或其他鱼类。有趣的是，据说早年乡下牛贩或兽医会特意栽植鱼木，牛生病时将叶片及树皮捣碎喂给牛吃，病牛就会痊愈。

台湾鱼木为半落叶乔木，树高可达10米以上，叶片为三出复叶，乡下人家称它为"三角鳖"或"三角棹"，开花时常伴随着梅雨季节，细长的花梗带着小花，像涌泉般不断从枝顶中心向外伸展，延展成一个大花台，热闹非凡。花朵也非常特别，花苞由外而内依序发育成熟，雄蕊花丝接续伸展，即使雌蕊也不安于室。花由白色褪为黄色，最后带来满地落英缤纷，夏天结出的椭圆形的果实却有腥臭味，叫人不敢恭维。

3

4

1.花开时绽满枝头，花瓣落得快，仿佛一阵骤雨，铺陈满地缤纷。 2.花两性，花大，有长柄，雄蕊多数，花丝细长，暗红色，花初为白色，后转为淡黄色。 3.三出复叶，互生，叶柄长，纸质，小叶卵状长椭圆形，长8～12厘米，全缘。 4.浆果球形或椭圆形，果柄长，果实长3～4厘米，果肉黄色，具腥臭味，种子5～10粒，近扁圆形，直径约0.8厘米。

气息纹路皆美的良材

柚木

植物小档案

中文名：柚木
别名：大叶树、胭脂树、船底树、血样、血树、
麻栗
学名：*Tectona grandis* L.
英名：Common teak、Teak、Teak tree
科名：马鞭草科 Verbenaceae
花期：7 月～10 月
果期：9 月～12 月
原产地：缅甸、泰国、印度和印度尼西亚、
老挝等地

落叶大乔木，树高可达 40 米，树干笔直，
树皮灰褐色。

　　盛夏，晨曦初现，天光微亮，暖风轻轻拂过，居民们踩着脚踏车，
妇人提着满篮蔬果，不疾不徐地前往各自的目的地；此时，他们也和我
一样正享受着片刻的宁静，不喧闹、不惊扰，只为了让最美的瞬间留存
于心中。天空偶尔飘落下几朵小花，我抬头仰望，想看清楚它们的样子，
这才赫然发现，柚木悄悄开花了……

繁花似锦，花小，白色，偶可见淡蓝色，细看小巧花朵，虽小却玲珑有致。

柚木的木材表面非常细致油滑，原木的颜色有金黄色、褐色、红褐色，并带有波纹或平直的纹路，结合了美丽的色泽和无与伦比的耐久性，有一般木材无法取代的地位。柚木原木有天然香味，这种味道据说能让虫蚁无法靠近，且木质致密、坚韧又具有弹性，防潮效果极佳，广受市场青睐。柚木又分为泰国柚、缅甸柚、印度尼西亚柚、非洲柚等，不同树种木质表现良莠不一。

柚木的百年传奇

说到发生在船上的凄美爱情故事，相信许多人会不假思索地想到《泰坦尼克号号》。1912 年 4 月，泰坦尼克号撞上冰山沉没后，搜索队在大西洋打捞，捞起了几张甲板躺椅，随即送往最靠近沉船地点的加拿大哈利法克斯港（Halifax）。2015 年，在英国威尔特郡的拍卖会上，一张头等舱甲板上的木制躺椅，以近 500 万元台币的价格成交，而这张躺椅就是由柚木制成的，百年后依旧完好如初。

"柚木"是"柚子"吗？其实柚木和柚子是两种不同的植物，两者一点关系也没有。柚木在分类上属于马鞭草科（Verbenaceae）柚木属（*Tectona*）。柚木一词来自坦米尔语 tekku。另一说来自希腊文"木匠"tekton 一词，指其木材可用于建筑、家具，似有木匠之功。

柚木原产于东南亚，包括缅甸、泰国、印度和印度尼西亚、老挝等。1915 年日据时期，台湾各林场开始大量造林，以林木经营为主，同时自海外各地区引进大量优良的造林树种，经试验成功而推广者包括柚木等数十种树种。柚木为落叶大乔木，树高可达 40 米，世界上最大、最古老的柚木树高 47 米，位于泰国北部程逸府，据说已有 1500 多岁。

巨大的叶片是柚木的特色，叶对生或三叶轮生，搓揉其嫩叶，汁液初为黄褐色，后呈朱色，状似胭脂，因此柚木俗称"胭脂树"。夏季开花，花序由多数聚伞花序组成一个大型圆锥花序，非常壮观。花朵白色、细小，花瓣 5 ~ 6 枚（常为 6 枚），雄蕊 5 ~ 6 枚。秋初结果，果实由膜质宿存萼包覆着，外有多条纵棱，看起来很像羹汤中的栗子，又好似小灯笼般可爱！

1

2

3

1.花白色，细小，花瓣5～6枚，花瓣卵形，先端钝，雄蕊5～6枚。 2.核果球形，由膜质宿存萼包覆着，外有多条纵棱，种子1～2颗。 3.叶对生或三叶轮生，椭圆形或倒卵形，长20～50厘米，先端圆钝至锐形，叶革质，全缘。 4.呈顶生或腋生的聚伞花序，由多数聚伞花序组合成一个大圆锥花序。 5.雄蕊退化，较短，花丝基部合生，外被星状茸毛，柱头二裂。

与独角仙的盛夏回忆

光蜡树

植物小档案

中文名：光蜡树
别名：白鸡油、台湾白蜡树、山苦楝
学名：*Fraxinus griffithii* C. B. Clarke
英名：Formosan ash、Griffiths ash
科名：木犀科 Oleaceae
花期：4 月～5 月
果期：5 月～7 月
原产地：中国台湾、大陆南部、日本、
琉球、印度尼西亚、菲律宾、印度

落叶大乔木，树高可达 20 米，树皮茶褐色
或灰绿色，小薄片剥落状，干上留有云形剥
落痕迹。

　　南回公路上，有座以青山绿水、溪水清澈闻名的双流森林游乐区，
隐身在公路弯道一侧，不小心就会走过头。它不像其他森林游乐区那么
广为人知，就像一处被人遗忘的世外桃源。进入园区，沿溪岸而行，耳
边传来潺潺水声。阳光洒落，绿荫扶疏，水气充沛且树木枝叶茂盛，沿
途遍布绿草、相思树、大叶桃花心木、光蜡树，春天的光蜡树正开着花，
将森林染成一片白蒙蒙。

拍摄地点：屏东双流

常见地点：在台湾地区分布于低中海拔暖温带阔叶林带，常作为行道树、绿化带景观树

花朵伴着 4 枚花瓣，就像一只扇着白色翅膀翩然飞舞的蝴蝶。

台湾乔木笔记：
光蜡树

光蜡树树性强健，成长迅速、抗旱性和抗风力强，经常用于大面积造林，是主要的水土保持树种。木材质地坚硬，耐摩擦冲击，为制作运动器材和家具的好材料。无论赏花或赏果，都很赏心悦目，适合作为庭园树、行道树。此外，光蜡树也是许多人与甲虫独角仙的共同回忆：独角仙喜欢栖息在光蜡树树干上，夏天时雄虫努力追着雌虫争取交配机会，而光蜡树的树液也是独角仙成虫的最爱，它们在树身上吸食时，不会采取环状剥皮，而是以垂直方式吸食，不会导致树木死亡。

有秩序的美感

木犀科植物（Oleaceae）多为木本植物，约有 28 个属，广泛分布于世界各地，其中有 400 余种分布在温带和热带地区。*Fraxinus* 梣属约有 70 种，主要集中在北半球的温带地区，中国台湾仅有两种。属名 *Fraxinus* 为该植物的传统拉丁文名称。种名 *griffithii* 为姓氏名，命名者是英国植物学家 Charles Baron Clarke（1832–1906 年）。

台湾有"阔叶五木"，指的是台湾榉、乌心石、牛樟、樟树、台湾鲸鳉树五种树木，这些树木均属于台湾森林中具有较高经济价值的一级阔叶树木。而台湾所称的"鸡油"指"台湾榉"，是榆科落叶乔木，木材刨光后有油蜡的感觉，像是涂过鸡油一般，故称为"鸡油"。而光蜡树因材色也具有油蜡色泽，材质坚韧优良，类似鸡油但颜色较白，所以台湾地区称为"白鸡油"。

光蜡树在台湾地区分布于低中海拔暖温带阔叶林带，常见于行道树、绿化景观，亦分布于中国大陆南部、日本、琉球、印度尼西亚、菲律宾、印度等地。为落叶大乔木，树皮灰白色或茶褐色，会呈薄片状剥落，并在树干上形成美丽的"云形"剥落痕。叶片为奇数羽状复叶，叶对生，羽状复叶先端渐尖，秋天叶片会转黄，别有一番秋的味道。

每年到了三四月间，树上就开始绽放一串串灰白色小花，但通常各地开花时间不一，南部较北部来得早。花开时花朵虽小，但当每棵树上同时有成千上万朵小花同时绽放时，就形成一种有秩序的美感。白蒙蒙的花景，可以延续三四个月之久，因此，即使到了六七月，偶尔仍可见到树上花果共存的风景。果为翅果，果形狭长，呈片状生长，细细长长的灰白色翅果一束一束披挂在枝头，显露出优雅的特质。

1

2

3

4

1.奇数羽状复叶，对生，无托叶，小叶5～9枚，椭圆形或长椭圆形、歪卵形或披针形，先端锐尖或渐尖。 2.复聚伞花序，顶生，花两性，花小，黄白色。 3.光蜡树生长快速，抗旱性强，也经常用于大面积造林，为主要的水土保持树种。 4.翅果，果形狭长，呈片状生长，成熟时为褐色，种子生于翅基部。

花冠 4 深裂，雄蕊生于花冠上，与花冠裂片互生，花药 2 室，雌蕊柱头 2 裂。

Volume 03 ——秋

橄仔脚宓鬼

台湾胶木

植物小档案

中文名：台湾胶木
别名：杆仔、杆仔树、橄榄树、大叶山榄、
晶古公树、山芒果
学名：*Palaquium formosanum* Hayata
英名：Formosan nato tree
科名：山榄科 Sapotaceae
花期：11 月～1 月
果期：5 月～8 月
原产地：中国台湾、菲律宾吕宋岛、巴丹岛
及巴布亚

常绿乔木，树高可达 20 米，树干笔直，全
株具有乳汁。

　　旅人，自世界各地而来，不同的语言，不同的肤色，各有不同的人
文与风情。沿着楼梯拾级而上，碧海蓝天，海上船只点点，风景绝美。
走进英领馆，红砖、绿树尽收眼底，攀爬在树梢上的珊瑚藤，缀着一身
粉红，还一度让旅人误以为是树木开花了，讨论个不停。沿着旧时建筑，
层次分明的台湾胶木为旅人遮荫，海风吹拂过来，一股味道飘入鼻间，
引得人们好奇地张望，猜测这味道来自何处，殊不知台湾胶木累累的花
朵已缀满枝头。

拍摄地点：高雄西子湾
常见地点：台湾地区常作为绿化带景观树、行道树

淡黄绿色的花朵，盛花时期令人惊艳，但是它所散发的特殊味道，可就让人不敢
恭维了。

台湾乔木笔记：
台湾胶木

台湾胶木木材可作为建筑用材。兰屿达悟族人会砍取其茎制成拼板舟的船首、船尾、船桨及坐垫等暂时性使用的木钉。其生长速度缓慢，但树姿美丽独特，姿态简洁有致，且枝条斜向伸展，层次分明，因此是台湾原生树种中利用价值极高之树种；加上其树性强健，具有耐盐、抗旱、抗风、耐潮湿等特性，因而常被栽植于临海工业区，亦常作为景观树和行道树。台湾胶木果实很像橄榄，也像小了好几号的芒果，果实可食用，未熟时极涩而难以入口，但只要把采摘下来的果实在阴凉处搁置几天，就能变得香甜多汁而可口。

天然橡胶树

　　噶玛兰族过去居住于宜兰，在五结利泽简地区有句俗语："橄仔脚宓鬼。"橄仔即台湾胶木。台湾胶木是噶玛兰村落的标志。传说噶玛兰人擅长下蛊，如有外人擅入将会染病，为了防止孩童因误闯而中邪，汉人父母会佯称"橄仔脚宓鬼"（宓为躲藏之意），以吓阻小孩擅入噶玛兰聚落。

　　台湾胶木在分类上属于山榄科（Sapotaceae），此科有 65 属，800 余种，主要分布在世界各地的热带地区。胶木属（*Palaquium*）约有 115 种，仅分布在热带的亚洲地区及太平洋岛屿，在中国台湾仅有一属一种。胶木属属名来自该植物的菲律宾名，种加词 *formosanum* 为"台湾的"，虽然以中国台湾来命名，但除了台湾以外，菲律宾吕宋岛、巴丹岛及巴布亚等地也有分布。在台湾地区仅天然分布于恒春半岛、兰屿和绿岛。

　　台湾胶木为常绿大乔木，树高可达 20 米，一身黑褐色的树干，因全株富含类似橡胶的乳汁，故称"台湾胶木"。胶木属植物叶片多簇生于枝条末端，让整棵树看起来层次分明；还有一个明显特征就是枝条具有"叶痕"，也就是叶片脱落后留下来的痕迹。

　　秋末至冬季开花，花朵丛聚腋生，但偶尔当叶片掉落较多时，花朵便会占满整树枝条，非常壮观。花白色或黄绿色，合瓣花，花瓣 6 枚，雄蕊 12 ~ 15 枚，大量开花时花香浓郁，但不是所有人都喜欢这种香味，敬谢不敏的人形容那就像水沟味。春末结出椭圆形的果实，无论外观还是色泽都和橄榄或芒果类似，居住在台东海岸山脉一带的人习称"杆仔"，其他如"橄榄树"或"山芒果"之别称，都和果实有关。果实内含 1 ~ 3 颗种子，纺锤形，质轻，通过海漂传播。

3

4

1. 花通常丛生于叶腋，偶见花朵布满整枝枝条，非常壮观，花朵具有香味。 2. 叶互生，丛生于枝条先端，厚革质，椭圆形至倒卵形，长 10 ~ 12 厘米，宽 5 ~ 8 厘米，叶全缘。 3. 合瓣花，花瓣 6 枚，花冠淡黄白色，雄蕊 12 ~ 15 枚。 4. 核果球形或椭圆状，长 3 ~ 4 厘米，直径 1 ~ 2.5 厘米，种子 1 ~ 3 个，纺锤形，侧面常具有胎座的痕迹。

参与一场秋日花盛会

大头茶

植物小档案

中文名：大头茶
别名：南投大头茶、台东大头茶、台湾椿、
大山皮、花东青、黄牛檀
学名：*Gordonia axillaris* (Roxb.) Dietr.
英名：Taiwan gordonia
科名：茶科 Theaceae
花期：10 月～ 2 月
果期：11 月～ 3 月
原产地：中国台湾及南部各省、印度半岛

常绿中型乔木，阳性植物，树干笔直，在中
海拔地区植物群落里属于第一层乔木。

　　海拔 485 米处，满树橘红的柿子停留在秋收季节。沿着蜿蜒的山径
进入大雪山林道，沿途仍绿意盎然，有的只是突如其来的云雾，还有那
厚重的云层带来的小雨滴。山径两旁山桐子艳红的果子高挂在树上，风
中缓缓飘落着黄杞翅果，台湾牛奶菜在岩壁上蔓延，一切都依循着季节
更迭而变化。偶尔阳光穿过云层，让正在开花的大头茶显得格外耀眼，
它不在春暖花开的季节开放，而是独树一帜地在秋末冬寒中展露优雅
风姿。

拍摄地点：台中东势大雪山
常见地点：台湾普遍栽植为景观树、行道树，为良好的绿化树种

花瓣洁白，金黄花蕊丛生，花形硕大，落英扑扑有声。

大头茶的木色淡红，质地密致坚韧，过去除了被当作薪柴外，亦可供建筑使用。农业社会早期，人们常用"杂木林"的树木作为家中薪柴。薪柴一般是指用来做燃料或烧制木炭的木材，种类不一。人们先砍伐树木的主干或枝条，然后劈成适合炉灶大小的条状木材，这就是柴。柴是当时日常生活必需品，在开门七件事"柴米油盐酱醋茶"中排在首位，不难想象其重要性。而且古人认为不同的柴火具有不同的烹饪效果，并非每一种树木都适合当作薪材。

向阳坡面上的淡淡幽香

大头茶属是茶科的一个属，全世界约有 70 种，分布在亚洲与美洲北部热带及亚热带地区，台湾仅有一种，主要分布在中国台湾及南部各省和印度半岛等地。大头茶在台湾分布甚广，从北部海拔 100 米左右的山丘棱线上到中海拔山区的针阔叶混合林中均有，通常出现在向阳坡面上，偶尔可见成片生长。大头茶属名 *Gordonia* Ellis 是为了纪念英国园艺学家 James Gordon，种加词 *axillaris* 形容大头茶的花朵腋生。

就花朵大小而言，大头茶在这个家族中堪称硕大者，因而得名"大头"。大头茶为常绿乔木，生态上属于较先驱性的喜阳植物，在中海拔山区较成熟的阔叶林中，植物在植被组合中各自占有独特的位置，大头茶在植物群落里通常属于第一层乔木，这也是其常见的主要原因之一。

大头茶生性强健，为优良的绿化树种，树高可达 5 ~ 7 米，树干笔直，树冠浓绿。叶厚革质，侧脉不明显，叶丛集于枝条先端，于凋落前会转为红色，才让人注意到它展现的雍容。

每年从 10 月开始到翌年的早春，满树硕大的白色花朵、如绸缎般的花瓣、丛生的金黄花蕊，空气中弥漫着一股淡淡幽香，为原野山林带来一种不同寻常的魅力。随着风儿吹拂，花朵落地扑扑有声，铺散在林地间，惹人怜爱。花后结果，尚未成熟的长椭圆形绿色蒴果酷似槟榔，成熟时木质化并开裂，具有翅膀的种子随着风被一一送出，开始下一段生命的旅程。

1

2

3

1.花白色，腋生或顶生，单生或双生，花瓣5枚，具有芳香，中间镶嵌多数金黄色雄蕊。2.果实为蒴果，长椭圆形，长约3厘米，酷似槟榔。 3.蒴果成熟后木质化并开裂，种子扁平，上端有翅，借风力飞散，有利于传播。 4.叶厚革质，侧脉不明显，丛集于枝条先端。 5.走在山中小径上，常可见满地落英缤纷，那很可能就是大头茶的花。

大自然的天然防火带

港口木荷

植物小档案

中文名：港口木荷
别名：恒春木荷、杆仔皮
学名：*Schima superba* Gardn. & Champ. var.
kankoensis (Hayata) Keng
英名：Taiwan Guger-tree
科名：茶科 Theaceae
花期：4 月～7 月
果期：7 月～10 月
原产地：中国台湾特有种（Taiwan endemic
species）

常绿乔木，树高可达 15 米以上，为季风雨
林中的抗风树种。

　　走在小径上，一抬眼赫然发现，一棵树仿若一个村：除了树木本身，恒春风藤与汉氏山葡萄藤蔓纠缠，树上有猴，枝丫端坐着母猴，怀抱着小猴子；较年轻的猴子"呀"一声，荡秋千似的从一根藤荡到另一根；猴长老们身材壮硕，神情肃穆，坐在树根上盯着你看，一副深藏不露的派头，就像是村子里德高望重的爷爷们坐在庙前大树下乘凉。大头茶经过风的修剪，全变成了低矮的灌丛，前一刻，几只猴子还在树上玩耍，它们攀折掉落的枝条上夹带着果实，那果实像极了巧克力，顶端呈现出一个星芒，这不就是"港口木荷"吗？

拍摄地点：屏东县狮子乡寿卡保线道
常见地点：台湾恒春半岛、屏东、台东一带海拔约 300 米的山区附近

以蓝色天空为幕布，绽放时衬着金黄的雄蕊，耀眼夺目。

台湾乔木笔记：
港口木荷

木荷属植物在台湾仅有两种，一种为港口木荷，另一种为木荷（S. superba），树皮中均含有一种叫作 alkaloid 的植物碱白色结晶体，可用来毒鱼。皮肤与此种植物碱接触会发痒，甚至引起过敏反应。木材材质紧密耐久，色红，经人工干燥处理后为优良家具用材，无虫蛀之虞，而在潮湿的地方则容易腐烂。近代研究发现，木荷属植物繁殖能力强，适应性高，适合作造林树种；树冠高大，叶子浓密，且叶片含水量高，可形成天然防火带，发挥局部阻火作用。

具有毒性的高大乔木

1895 年（明治二十八年）中日《马关条约》将台湾割让给日本，翌年东京帝国大学得到日本帝国议会的调查经费赞助，派遣四组人员前往台湾调查，其中包括动物学、植物学、地质学和人类学家。植物学家中派遣了牧野富太郎、大渡忠太郎和内山富次郎三人，他们于 1896 年 10 月来到台湾度过了 1 个月。其间，当时还是学生的大渡忠太郎并未发现特有新种。1897 年他自东京帝国大学植物学科毕业，1898 年再度来到台湾，停留达半年之久，此行采得的台湾特有种植物共 6 种，包括采自屏东恒春的港口木荷。

其白色花朵绽放时如荷花般优雅美丽，因而被称为"木荷"。木荷属（Schima）在全世界约有 20 种，分布于印度、尼泊尔、不丹、中南半岛、印度尼西亚、马来西亚、中国和琉球。属名 Schima 源自希腊文 skiasma（阴暗），意指其为常绿乔木，树下常年阴暗。另一说法源自植物的阿拉伯名。

港口木荷为台湾特有变种植物，产于台湾恒春半岛，又称为"恒春木荷"。屏东及台东一带海拔约 300 米的山区附近均有分布。在排湾族，无论是何种木荷都被称为 Sapuzzi'kku，木荷长得相当高大，因此排湾族人也用这种植物来形容"长得高大的人"。排湾族的生活区域里有许多木荷大树，当地人从生活经验中得知木荷有两个特性：一是毒性，木荷的毒性对河川里的生物作用迅猛，若将其木屑倒进河里，水下生物如鱼、虾、蟹、鳗都会死亡；二是木荷木材制成的建筑材料在潮湿环境下容易腐朽，作为段木种香菇，还会落得没人要的下场。

港口木荷为常绿乔木，树高可达 15 米以上，非常显眼。通常六七月开花，南部因为气温较高，四月春末便开始花苞累累，白色花瓣衬着金黄色雄蕊，耀眼夺目，花后结果，蒴果木质化，球形，成熟时会开裂成 5 瓣，内含扁平、肾形且具有狭翅的种子，可借助风力传播。

1

2

3

4

5

1. 树皮灰褐色，含有一种叫作 alkaloid 的植物碱白色结晶体，将其木屑倒在河川中，短时间内河川生态不易恢复。 2. 单叶，螺旋状丛生于枝端，叶两面光滑，叶背灰绿革质，卵形至长椭圆形，长 8 ～ 11 厘米，先端具短突尖，全缘。 3. 蒴果球形，木质，成熟时开裂成 5 瓣，中轴不脱落，种子扁平、肾形、有狭翅。 4. 花开于枝梢顶端，花单生，两性，放射状对称，花径 3 ～ 5 厘米，白色，具芳香，萼片 5 裂。 5. 覆瓦状排列，花萼下具苞片，花瓣 5 枚，雄蕊多数，花药背生，花柱单一。

会呼吸的美丽隔热层

美丽异木棉

植物小档案

中文名：美丽异木棉
别名：美人樱、酒瓶木棉、美人树
学名：*Ceiba speciosa* (A. St.-Hil.) Ravenna
英名：Floss-silk Tree
科名：锦葵科 Malvaceae
花期：10 月～1 月
果期：1 月～3 月
原产地：巴西、阿根廷，中国台湾于
1967 至 1975 年引进栽植。

落叶乔木，树干基部常有膨大现象，树高可达 25 米，分枝多，树皮平滑。

　　一连下了好几天的雨，天气难得放晴。天空无瑕，小公园里小女孩开心地旋转着说："天空好蓝，这花好美。"随手将花插在耳际，"妈咪，这样漂亮吗？"母亲微笑着点头说："很漂亮啊！小美人。"是呀！小女孩耳际美丽异木棉粉红色的落英，也将一旁的车子点缀得像是即将去迎娶新娘的礼车。车子离开时，花朵随风飘落，好像有人拉开了礼炮，撒落一地缤纷。

拍摄地点：花莲市商校街
常见地点：广泛种植于公园、校园作为庭园绿化树种，亦常被栽种为行道树

粉红色的大花挂满树冠，映衬着冬日的晴空。

美丽异木棉是著名的观赏植物。树木是一个会呼吸的隔热层，无论是身处庭院还是作为行道绿化树，都不仅在视觉上美化了环境，而且能够净化城市空气中的二氧化碳、粉尘与重金属，纾解都市热岛效应，大雨时还能分摊滞纳的雨水，其所开出的花朵更是柔化了城市生硬的建筑。美丽异木棉除了供人们观赏以外，柔软而有弹性的棉毛也被广泛用作包装材料的来源，而其在南美洲地区树围普遍可生长至 2 米以上，更是建造独木舟的理想木材。

喝醉的大树

美丽异木棉原产于南美热带和亚热带地区，自然栖息地从东北边的阿根廷延伸到东边的玻利维亚、巴拉圭、乌拉圭，一直到南部的巴西。过去在分类上属于木棉科（Bombacaceae），目前被归于锦葵科（Malvaceae）吉贝属（*Ceiba*）下，属名 *Ceiba* 源于该植物在南美的俗名。台湾有两种，另一种为吉贝，皆为引进的栽培种。

美丽异木棉由于树形优美，花开艳丽，被广泛推广到世界各地，中国台湾于1967 至 1975 年引进。美丽异木棉为落叶乔木，树高可达 25 米，幼龄期树干是绿色的，叶绿素含量较高，使它能够加速进行光合作用，快速成长。中龄期树干、树枝上开始着生尖锐的瘤状锥形刺，以阻止野生动物攀爬。在干燥季节，美丽异木棉往往几个月都呈现出光秃秃的模样。成熟期树干开始蓄水，基部形成臃肿的桶形，西班牙人称这种膨大现象为 palo borracho（喝醉的大树）。

盛夏时，叶片浓荫蔽日，而秋天叶落时，正是美丽异木棉的花期。花开时，满树粉红，花团锦簇，极为醒目耀眼，花朵颜色有粉红至桃红等不同变化，艳如醉酒般酡红，披上粉红外衣，把街道装点得缤纷热闹。在台湾，少数地区出现了不同花色的美丽异木棉，如台中南区的白花美丽异木棉；台东知本、高雄燕巢的黄花美丽异木棉，各有其魅力。

冬天结果时，整棵树光秃秃的一片叶子都不剩，只剩果实像灯泡似的挂在树上。果实状如梨果，长椭圆形，长可达 25 厘米，成熟时会自动开裂。果瓣脱落后，枝梢上挂着一球球的棉毛，又是另一种风情。

异木棉的花和种子

1. 树干上着生尖锐的瘤状锥形刺，以阻止野生动物攀爬。 2. 花多先于叶或与叶同时长出，花径 10～15 厘米，颜色为紫红、红色或藕粉红，花瓣基部常有乳白色斑点，雄蕊合生成筒状。 3. 黄花品系，花瓣全缘，雌蕊柱约为花筒的两倍长。

4.成熟果实开裂，种子具膨松之棉毛，种子黑色细小，借风力传播。 5.白花品系，花瓣较宽，具有波浪缘，基部淡黄色，雄蕊5，雌蕊柱短。 6.蒴果椭圆形，长15～25厘米，径5～7厘米，成熟时三裂。

平地造林的幕后英雄

海芒果

常绿小乔木，树高可达 10 米，全株具有丰富的白色乳汁。

植物小档案

中文名：海芒果
别名：山样仔、海檨仔、猴欢喜
学名：*Cerbera manghas* L.
英名：Odollam cerberus-tree、Sea mango
科名：夹竹桃科 Apocynaceae
花期：3 月 ~ 11 月
果期：7 月 ~ 12 月
原产地：中国台湾、广东、印度、缅甸、
马来西亚、菲律宾、琉球

　　车子行驶在滨海公路上，跟随着心的驿动，过了磺溪，转入山径，进入半岭子。沿途绿荫扶疏，高大的笔筒树在杂木林中特别显眼，五节芒也已进入花季。进入美术馆范围，背山望海、山林与田野环绕，苍翠的绿树缀满白花，海芒果在阳光下闪耀，空气中不时飘来一股淡淡的花香……很淡很淡，仿佛要静下心来才能嗅出它的味道。

拍摄地点：新北市金山朱铭美术馆
常见地点：台湾北部、东部、恒春半岛及兰屿海岸，常被栽植为景观树、行道树以及用
　　　　　于平地造林。

白色的花朵香气馥郁，仔细看，中间仿佛还夹杂着一朵淡红色的花朵，非常特别。

台湾乔木笔记：
海芒果

花东纵谷曾是一大片甘蔗田，经过政府与民间的努力，目前已营造为平地森林。"平地造林"幕后的英雄树种不一，但往往由当地原生及适生物种组成。海芒果也是平地造林树种之一，其抗风能力强、耐湿，常被用作海滨地区防风及防潮树种，如宜兰头城、彰化大城、花莲丰滨一带临海的乡镇，都有它的身影。用作造林树种可影响环境微气候，例如使雨量增加、温度下降，好比大自然的空调，具有自动调节温度、湿度的功能，这也是对前人种树、后人乘凉的绝妙阐释。

果实有剧毒且莫误食

小时候，长辈总会告诫叮咛，看似美味的果实，如果鸟不食、兽不咬、虫不啃，那绝对有问题。千万别以为那是上天赐予的美味果实，通常动物的嗅觉都比人类的灵敏，那是一种警告，而这种警告反映在多数植物身上，海芒果就是其中一例。

海芒果为夹竹科（Apocynaceae）成员之一，此科有402属，5000多种，主要分布在热带和亚热带地区，大多数是高大乔木，在温带地区则是草本植物，大部分含有乳汁，且多数种类是有毒植物，误食时会产生中毒现象。海芒果属属名 *Cerbera* 源自希腊神话中为冥王哈迪斯守卫冥府的三头犬 Cerberus。被该犬咬伤会中毒，而误食海芒果属植株的乳汁也会中毒。此属共有9种，分布于亚洲热带、亚热带地区，大洋洲和马达加斯加。中国台湾仅有一种，分布于北部、东部、恒春半岛及兰屿海岸。

海芒果因常生长于海岸边，且无论叶形和果形都与芒果非常相似而得名；为常绿乔木，树高可达10米，全株具有丰富的白色乳汁。单叶互生，多丛生于枝条先端，倒卵状披针形，叶大，具有光泽。

花期非常长，从春天的3月开始，春末夏初达到盛花期，一直到深秋，都能看到它顶生在树梢的洁白而具香气的花朵。花冠长漏斗形，花瓣5枚，白色，仔细看仿佛还有一朵淡红色花朵开在中间，非常特别。夏季结果，果皮光滑，形状如卵，初果为绿色，成熟时由橙红色变为紫红色。内果皮为木质纤维层，便于海漂，可借助海流传播，这是海岸林植物传播的特殊方式。

1

2

3

4

1.花期长，花多数，洁白而具有香气，叶片常绿，树形优美，是优良的景观树种。 2.聚伞花序顶生，花冠长漏斗形，花瓣5枚，白色，中心淡红色，芳香，雄蕊5枚，着生于花冠筒内。3.单叶互生，丛生于枝端，倒披针形或倒卵形，长6～25厘米，宽3～6厘米，先端钝，呈短尾状，全缘。4.果实为核果，卵形，先端尖，成熟时暗红色，内果皮纤维质，种子1枚，红色，含丰富油脂。果实含剧毒，不可食用。

野地里的棉花

弯子木

植物小档案

中文名：弯子木
别名：毛茛树、黄丝棉、金丝木棉树
学名：*Cochlospermum religiosum* L.
英名：Buttercup Tree、Yellow Silk Cotton、
Golden silk cotton tree、Tefé rose
科名：弯子科 Cochlospermaceae
花期：2月～3月、9月～10月
果期：4月～5月、11月～12月
原产地：热带美洲地区

落叶小乔木，干笔直，树皮光滑，浅灰色，
树高可达 7 ～ 10 米。

　　旅行途中，绿意缓慢蔓延，百余株翠绿的樟树排列在道路两旁，造就了充满林荫绿意的隧道。一旁的铁道像是探索梦想与未来的通道，让旅人即使带着不安，也还是满怀雀跃。穿过绿荫隧道，小镇上只听见嘈杂声不断，一切事物都被搅动着。辗转间，走上一条陌生的道路，突然之间，人群没了，声音也没了，四周静了下来，可以听到溪流潺潺的水声。成排的行道树在阳光下招摇，天空湛蓝到完美，衬得绿叶更加翠绿，而树梢顶上的鲜黄花朵也显得格外鲜艳。

拍摄地点：南投集集名水路二段
常见地点：台湾偶见栽种为景观树、行道树

花大而艳丽，似茶花而非茶花，在热带雨林中有"茶花皇后"的美称。

弯子木以梨形果实、弯曲种子为特色。植株在株龄达到可开花、结果时，具有良好的观赏及经济价值。树皮中强韧的纤维可用来制绳子、编织篮子或服装，木材有时用于制作工艺品，亦可提炼橡胶。其蒴果内具有白色柔滑的棉毛，可用于制作靠垫或枕头，亚马孙原住民称其为"野生棉"，并以一种艺术创作的方式，将螺旋状弯曲的种子制成饰品，以彰显个人地位。

高挂树上的郁金香

　　"弯子木"这名字很容易让人联想到"弯弯的种子"，这么想也没错，弯子木科的种子多呈螺旋状弯曲，所以弯子木科又称螺旋子科、旋籽木科或弯胚树科。弯子木科共有 2 属，15 ~ 25 种，分布在全世界热带地区，以美洲和非洲种类最多。《台湾树木志》记载，1981 年薛聪贤先生自马来西亚将弯子木引进中国台湾，作为行道树、庭院树、观赏树及绿化树种。台湾仅此一科一属。

　　除了以种子的特色命名外，弯子木原先被认为是木棉科的一员，大概是因为果实具有蓬松的棉絮，西方国家称之为 Silk-Cotton Tree（丝棉树）。弯子木的花朵金黄鲜艳，看起来很像大型的毛茛，因而又有 Buttercup Tree（毛茛树）之称。其他以其花朵特征命名的名称亦不少，以 Tefé rose（特费玫瑰花）及 Yellow Silk Cotton（黄丝棉）这两个名字最为浪漫。

　　弯子木在全世界约有二十个品系，都是黄色花系，各品系之间不尽相同，有花朵单瓣、重瓣及叶片上的差异，中国台湾目前有两种品系，为单瓣花型和重瓣花型。弯子木为落叶小乔木，树形美观、树干笔直，树高可达 7 ~ 10 米，树皮灰白色或褐色，非常光滑，弯曲的枝条相当唯美。

　　每年三月到四月开花，各地区开花时期不一，南部地区花期较长。盛花期弯子木的花朵就像高挂在树上的"郁金香"，铺陈一片花海。明亮而鲜艳的花朵，高贵、浪漫且非常壮观，在秋高气爽的季节还能再一次欣赏到它的美丽。在泰国的庙宇里，弯子木花朵更常与其他花卉争艳，用以供奉神祇。

　　花期过后，结出一颗颗的梨形蒴果，初为柔软的绿色，后渐转为深褐色，像圣诞灯饰般高高挂于枝头，成熟后裂成五瓣，可见到内部有丝绸般光泽的白色棉絮及弯曲的种子。

4

5

1.圆锥花序，顶生，具花梗，花苞犹如圣诞灯饰。 2.叶互生，叶柄红褐色、细长，掌状裂叶，叶缘有密锯齿。3.蒴果梨形，成熟后开裂，具有细长棉絮状表皮毛，内含多数黑色种子，种子多呈螺旋状弯曲（图中为未成熟果）。4.花萼5枚，呈覆瓦状排列，花被5枚，黄色，雄蕊多数，花丝金黄。5.花色明亮鲜艳，犹如高挂在树上的郁金香。

Volume 04 ——冬

提神醒脑的白树油
白千层

植物小档案

中文名：白千层
别名：脱皮树、玉树、相思仔、日本相思、
白瓶刷子树、剥皮树、千层皮
学名：*Melaleuca cajuputi* subsp. *cumingiana*.
英名：Cajeuput-tree、Cajuput Tree、Pune-
tree、Melaleuca、River Tea-Tree、Paperbark
科名：桃金娘科 Myrtaceae
花期：7 月～12 月
果期：11 月～12 月
原产地：澳大利亚、印度、马来西亚，中国
台湾于 18 世纪末引进栽植

常绿大乔木，树高可达 20～30 米，树干笔
直，横向枝条多直立或斜上升。

　　走出乌日高铁站，旅人各自走向已选好的路径。绕道往后，路边台湾栾树绽放着繁盛而茂密的花朵，因为承载了花朵的重量，枝丫微微倾垂，像是依恋着土地。木棉树知道现在应该到了休眠的时候，水黄皮也知道自己现在应该结出累累的果实，生命自有其规律。白千层一片翠绿，有些捺不住性子，开始出现累累的花苞，可以想象，再过不久就能看见花朵如雪花般绽放，为生硬的水泥建筑注入一丝柔软。

拍摄地点：台中乌日高铁站
常见地点：台湾地区广泛栽植为行道树或防风树

穗状花序上，开满了白色小花。

台湾乔木笔记：
白千层

白千层是常见的行道树种之一，绿荫效果良好，且具有抗二氧化硫（大气污染物）的能力，常被广泛栽植为行道树。此外，台湾四周环海，又位于季风带上，夏秋季节时有台风肆虐，白千层因具有防风耐旱等特性，也常被植为防风林以对抗恶劣环境。只是白千层树皮易干燥且富含油脂，容易引发火灾，因此不适合用于大规模造林。从白千层的花叶中提炼出来的精油，在台湾为日本殖民统治时期称为"白树油"或"玉树油"，可帮助杀菌、消炎和提神，是白花油、绿油精和万金油的主要成分。有机会不妨捡拾它的叶片，揉碎后闻闻，保证让你精神为之一振。

松软层叠的千层树皮

　　或许你曾有过这样的经验：将白千层的树皮剥下，作为传递私密话的便笺，或是当作免费的橡皮擦。或许你也听过这样的传说：撕下它的树皮写情书，恋人便能白头偕老。其实这是因为白千层的树皮具有发达的木栓形成层，当内层的新树皮长出时，旧树皮并不会脱落，但新皮会不断向外推挤，使松软且富有弹性的树皮不断累积，覆盖在树干上，这也是其别名"千层皮"的由来。

　　原产自澳大利亚的白千层，自日据时期便已引进中国台湾。台湾最早的记录是在 1910 年，当时农业试验所的藤根吉春，利用前往欧、美、印度及南洋等地考察的机会，引进多种苗木，白千层为其中之一。1936 年，时任台北植物园腊叶馆主任的佐佐木舜一，前往马来西亚、爪哇、印度及马达加斯加等地考察，于 1937 年再次引进白千层，这是第二次引进的记录。

　　在植物分类上属于桃金娘科白千层属，属名 *Melaleuca* 由希腊文 melas（黑色）和 leukos（白色）构成，意指其树干是黑色而枝条为白色。此属大约有 230 种，大部分来自澳大利亚，仅有少数种分布在印度尼西亚、纽几内亚、新喀里多尼亚和马来西亚。

　　白千层为常绿大乔木，树高可达 20～30 米，树干笔直，叶片椭圆形或披针形，乍看很像相思树，因而被称为"相思仔"。夏末至秋冬是开花的季节，盛花期非常短暂。穗状花序上开满了白色的小花，整个造型就像一支奶瓶刷，因而又有"白瓶刷子树"这个贴切的名字。花朵拥有显著的花丝，五枚白色花瓣从绿色花萼中绽开，旋即带出长长的花丝，花丝集成五束与花瓣对称，与中央的雌蕊花柱相对应。当花丝不再昂扬，伴着花瓣转为褐色，萎靡的花冠底下藏着的子房日渐膨大，形成木质球形蒴果。果实紧贴枝条，成熟后变黑，内藏数百粒种子，种子略呈线形，借助风力传播。

1

2

1.树皮具有非常发达的木栓形成层，富有弹性，质感如海绵般松软，层次分明。 2.单叶互生，椭圆形或披针形，长8～12厘米，先端锐尖或钝，基部钝，革质，全缘，乍看很像相思树。3.果实为蒴果，杯状或半球形，木质，附着于枝条上，成熟后顶端3裂，种子细小，略呈线形。4.秋冬的白千层会开出白色小花，样子就像小巧可爱的瓶刷。 5.一大串的花序长5～15厘米，由很多小花构成，花白或淡黄，花瓣5枚，雄蕊多数，呈束状。

生于溪滨的经济树材

鹅掌柴

半落叶乔木，树干笔直，株高可达 20 多米，喜好阳光，为滨溪带树种之一。

植物小档案

中文名：鹅掌柴
别名：江某、鸭母有、鸭母嘎、鸭母树、鸭脚木、鸭脚树、鸭麻瓜
学名：*Schefflera octophylla* (Lour.) Harms
英名：Common schefflera
科名：五加科 Araliaceae
花期：10 月～12 月
果期：2 月～4 月
原产地：中国台湾、大陆、中南半岛、日本、菲律宾

　　天空灰蒙蒙了好一阵子，加上连日的雨，让人一路上期待着蓝天和阳光。下了高速公路，进入埔雾公路，随着后视镜中的乌云逐渐远去，雨后骄阳慢慢推开了积层云，蓝天映着满山枫红。群山环绕下湖水翠绿，宛如碧玉，血藤的果荚自高大的树木上垂挂下来，青冈的果实也慢慢由绿色转为褐色；在冬藏的季节里，植物都有了最终的着落。溪畔高大翠绿的掌状叶，让人一眼就认出那是鹅掌柴。它的模样你只要看过一次，肯定就不会忘记。

拍摄地点：南投雾社
常见地点：台湾全岛低海拔阔叶林下

冬天开花的鹅掌柴，总能让蜜蜂和蝇类蜂拥而至，是极受昆虫欢迎的树木。

台湾乔木笔记：
鹅掌柴

八掌溪有条支流叫"江某溪"，位于嘉义县番路乡，是因为滨溪带盛产鹅掌柴（台湾地区叫江某）而得名；而在苏澳镇东南方，有个村落叫"白米木屐村"，当地森林盛产一种制作木屐的原料——鹅掌柴，因而发展出木屐产业，成为台湾本岛重要的木屐供应地。其木材轻软、纹理细致，可供制作火柴棒、冰棒棍、蒸笼和木屐，又可作为纸浆原料，昔日曾是重要的经济树材。鹅掌柴树姿优雅，耐阴且耐湿，可作庭院观赏树种，冬季开花，是许多昆虫重要的蜜源植物，果实还会吸引鸟类前来觅食。

充满先人风趣智慧的名字

当我们走在野外，遇见一棵引人好奇的大树时，心中最想知道的，就是它到底叫什么名字？古往今来，人们以各种方式为植物命名，总不外乎根据植物的形态及种种特征，再融会风土民情，因此各地对同一种植物的称呼不尽相同。只在某些区域流通的植物名字，我们称为俗名。鹅掌柴的俗名（江某）就让人感受到先人的风趣及智慧。

鹅掌柴的叶子为掌状，状似带有蹼的鸭脚趾，又名"鸭脚木"，台湾地区俗称"江某"。江某一词说法有二，其一是因花小而难以分辨雌雄，分不清公母，像公又像母，福建闽南话称之为"公母"，在普通话里就变成了"江某"；其二是日本殖民统治时期，台湾普遍受到日本人生活影响，也流行起了穿木屐，当时木屐用鹅掌柴作为材料，两脚形状大小相同，也不分左右，闽南语说木屐"冇公冇母"（没公没母），后来就把这种用来制作木屐的树木叫作"公母"，取其谐音，演变成今日的"江某"。

鹅掌柴在分类上为五加科 Araliaceae 鹅掌柴属 *Schefflera*，属名是为了纪念波兰北部但泽港（今格但斯克港）的植物学家 Jacob Christian Scheffer（1718-1790年）。鹅掌柴属约有 200 种，广泛分布于热带、亚热带地区。中国台湾有 4 种。鹅掌柴为半落叶乔木，树高可达 20 米，树干常具有脱落性圆形痂状鳞片，幼叶锈褐色，叶片变化大，叶缘常具有不规则缺刻，掌状复叶，具有长长的叶柄，成熟叶翠绿。

花期始于秋末，一直到冬季，由伞形花序或总状花序排列成圆锥花序或复总状花序，顶生于枝条先端。花朵很小，黄绿色，花瓣 5 枚，呈略长的三角形，花瓣中央具有龙骨凸起，雄蕊 5 枚，雌蕊圆锥形，柱头短。春季结果，浆果球形，直径 0.5 ~ 0.6 厘米，成熟时黑紫色，雌蕊宿存于果实尾端，是鸟类食用的重要野果之一。

掌状复叶，互生，叶柄长20～50厘米，小叶6～13枚，纸质至革质，长椭圆形或卵状椭圆形。

3

4

1. 由多数伞形花序组成一个顶生的圆锥花序，花小而多，淡黄色或黄绿色。2. 花瓣 5 枚，呈略长的三角形，花瓣中央具有龙骨凸起，雄蕊 5 枚，雌蕊圆锥形，柱头短。3. 浆果球形，直径 0.5 ~ 0.6 厘米，成熟时黑紫色，种子 4 ~ 6 枚。 4. 幼叶锈褐色，叶片变化大，叶缘常具有不规则缺刻，先端尖锐至短渐尖。

豆梨

植物小档案

中文名：豆梨
别名：鹿梨
学名：*Pyrus calleryana* Decne
英名：Callery Pear、Bean Pear
科名：蔷薇科 Rosaceae
花期：3 月~ 4 月、10 月~ 12 月
果期：4 月~ 5 月、12 月~ 1 月
原产地：中国台湾和大陆华中、华南，
中南半岛、日本

落叶乔木，树高可达 12 米以上，茎皮灰褐色，
有不规则深裂，枝无毛，冬芽有细毛。

　　一次随意行走，看到北港溪上的糯米桥经过多次风灾后依然屹立。
随着北港溪清澈的溪流进入清流部落，可体验到原味的艺术与文化内涵，
在乐观的族人身上也可看见谈笑间尽情享受生活的情调。这里有温带、
暖带与亚热带的气候环境，天然林、次生林、人造林让这里形成不同美
感的组合，大草原旁几棵豆梨正对着旅人展开双臂，叛逆的叶子几乎完
全凋落，去藏不住新芽的奔放。几朵依依不舍的梨花，如白雪般点缀其中，
让人想象雪花可能会再度降临。

拍摄地点：南投惠苏林场
常见地点：在台湾地区主要分布于中北部海拔 600 至 1700 米山地

洁白晶莹的花瓣，素净中带有一抹羞怯的粉红，优雅如雪片纷飞。

台湾乔木笔记:
豆梨

豆梨的果实比传统市场上贩卖的腌渍鸟梨小，味酸甜、微涩，可食用或酿酒。枝干常作嫁接用的砧木。砧木可以是整株果树，也可以是植株的根或枝，起到固定和支撑接穗并与接穗愈合形成植株的作用。砧木是果树嫁接的基础，嫁接亲合性好，可增加苗木寿命和抗病虫害性能，提高产量。豆梨在世界上其他地方，也是著名的赏花观叶乔木，此外，其木材坚硬，可用来制作粗细器具、家具等，木材的材质也适合用来雕刻图章。

百果之宗，却是美丽的公害

《诗经·晨风》中"山有苞棣，隰有树檖"，意思是山上的棣树丛生，山下的檖树却单独生长。句中之"檖"，是古书上说的一种树，果实像梨而较小，味酸，可食。陆玑疏："一名山梨……其实如梨，但实甘小异耳，一名鹿梨。"《尔雅·释木》叫作"檖萝"，《郭注》今"杨檖"说的也是豆梨，可知豆梨树早与中国文化具有密切关联，自古便被誉为"百果之宗"。

豆梨分布于中国台湾、长江流域各省及山东、河南、中南半岛和日本，在台湾主要分布于中北部海拔 600～1700 米的山地。台湾原产的蔷薇科梨属 *Pyrus* 仅有两种，一种为豆梨，另一种即台湾野梨。梨属植物全球有近 70 种，分布范围从欧洲到亚洲东部，向南到北非和喜马拉雅山脉。

因果实小如豆子，故得名豆梨。落叶乔木，树高可达 12 米以上，喜欢阳光充足与潮湿的环境。豆梨在台湾花果期为春天和冬天两季，花朵与梨花几乎没什么差别，差别仅在于花瓣基部渐狭，花径较小，为 2～3 厘米。花朵簇生，每个花序 6～12 朵，花开时如雪覆盖，铺天盖地而来。落叶时叶片色彩丰富，从黄色、橙色到红色，更添一股秋的气息。结果期满树梨果，也让冬季另有一番味道。

豆梨在北美地区称为卡勒梨，自 1962 年引进北美后成为最常见的观赏植物之一；它的价值在于早春的花朵、生长快速的习性和秋天时美丽的颜色。20 世纪 90 年代初期，一般认为豆梨入侵的可能性很低，但后来人们发现豆梨的栽培种，每颗果实产生的种子多达 10 颗，通过椋鸟和其他野生动物散播出去，使越来越多野生个体出现在自然区域。现在美国有几个州认为它具有入侵性，是一种美丽的公害。

1

2

249

3

4

1.梨果冬季成熟，接替其他秋天成熟的野果，成为许多鸟类重要的食物。2.伞房花序，有花6～12朵，花梗长1.5～3厘米，花瓣5枚，白色，基部具短柄，花柱2～3枚，花序及萼筒无毛，雄蕊约20枚。3.叶广卵形至卵形，长4～8厘米，先端渐尖，基部宽楔形，叶缘具钝齿，叶柄长2～6厘米，落叶时叶片颜色丰富，从黄色、橙色到红色。4.梨果圆形，直径约1厘米，褐色，具淡色皮孔，先端无宿存之萼片。

不能吃的"山猪肉"

珊瑚树

植物小档案

中文名：珊瑚树
别名：山猪肉、着生珊瑚树
学名：*Viburnum odoratissimum* Ker
英名：Sweet viburnum
科名：忍冬科 Caprifoliaceae
花期：2 月～4 月
果期：5 月～7 月
原产地：中国台湾、大陆、中南半岛、
菲律宾南部

分布于海拔 300～1500 米，常绿灌木至小
乔木，树高可达 10 米。

　　晨间，美术馆外绿荫扶疏，既优雅又清静。信步走在园内，耳边不
时传来鸟语啾啾，池塘上可见夜鹭、小白鹭、绿头鸭、红冠水鸡，宛如
鸟类乐园。沿着池塘行走，处处绿草如茵，蝴蝶翩翩飞舞于草丛间。微
风送来淡淡芳香，使空气变得更清新。沿着花香寻找，原来这淡淡香气
是由珊瑚树散发出来的，树枝上点缀着累累的红色果子，耳边还不时传
来惊呼声："哇……好像红葡萄！"

拍摄地点：高雄美术馆

常见地点：在台湾生长于低中海拔之阔叶林中，主要分布于恒春半岛

白色花朵素雅清香，香气飘浮在空气中，透露着对春天的想念。

珊瑚树终年常绿，花期长、果期长，非常适合赏花观果，还可诱鸟类前来觅食，常被运用于景观绿化；对大气污染具有较强的抵抗力；也常被当成行道树，如台中丰原大道有成排的珊瑚树行道树，开花结果时期非常美观。此外，肉质叶片具有防火作用，是优良的防火树种。喜爱做手工植物染的朋友也不会错过珊瑚树，用它的枝叶染出的颜色为暗红色，如果加入醋酸铜或明矾等媒染剂，则会变化出不同的色彩，以清水洗过后颜色也不会变淡。

不能吃的"山猪肉"

忍冬科（Caprifoliaceae）有 800 余种植物，主要分布在亚洲东部和北美洲东部。荚蒾属（*Viburnum*）是忍冬科的一个属，荚蒾属植物约有 200 种，主要分布于北半球温带和亚热带地区，多为直立灌木，少数为小乔木。属名 *Viburnum* 为该植物的古老拉丁文名称，种加词 *odoratissimum* 意思是"具有芳香的"，说明此树开花具有芳香。核果由绿变红，宛如海底红色珊瑚，因而得名"珊瑚树"。

珊瑚树原产于中国台湾、大陆、中南半岛、菲律宾南部。在台湾主要分布于恒春半岛低中海拔阔叶林中。珊瑚树为常绿灌木至小乔木，树高可达 10 米。其树干内皮多呈红褐色，并具有漂亮的白色油花，看起来很像五花猪肉，因而有"山猪肉"的谐称。

珊瑚树树干平滑，枝条横生，叶片常绿，搓揉叶片会有类似硫黄的味道。春季乍暖之际，二月初便已花苞累累，每枝花序花数众多，花期可持续到四月到五月初，为了吸引昆虫前来授粉，着生于冠喉的雄蕊会伸出花冠外，花朵清淡芳香，除了蜜蜂外，常见的蝇类也会前来造访。

珊瑚树枝条上红色的果实，就好像染红的葡萄串。春末初夏时，果实挂满树梢，椭圆形的核果由绿转红，如珊瑚般晶莹，成熟时则是紫褐色，不同阶段有不同风情。若在野外遇见，鲜红欲滴的果实也可以充当零嘴，虽然味道不怎么可口，但也别有一番滋味。此外，鸟类很喜欢它的果实。看着鸟儿在枝叶间上下跳跃，也是种野趣。

1

2

3

1. 忍冬科植物最引人注目的莫过于果实，鲜艳的红色非常迷人。 2. 果实为核果，椭圆形，成熟时由红色变为紫褐色，可食用，种子纺锤形，外有纵沟。 3. 蒴果球形，木质，成熟时裂成 5 瓣，中轴不脱落，种子扁平、肾形且带有狭翅。 4. 圆锥状聚伞花序，顶生，花苞、花序均为白色，具有清淡芳香。 5. 花冠白色， 5 裂，花两性， 雄蕊 5 枚，着生于冠喉，并伸出花冠外，子房下位。

清香微甜的古老回忆

蒲桃

植物小档案

中文名：蒲桃
别名：南蕉、水蒲桃、风鼓、香果
学名：*Syzygium jambos* (L.) Alston
英名：Rose-apple
科名：桃金娘科 Myrtaceae
花期：1 月 ~ 4 月
果期：5 月 ~ 6 月
原产地：印度、马来半岛

常绿乔木，分枝多，树高可达 10 米。

　　青山环绕，苍峦连绵起伏，沿着入口处的石阶，两旁罗列着乌心石、蒲桃。匆匆光影、潺潺流水，壶穴中的鱼儿动作清晰可见。往更里走，阵阵清风送来花朵的窃窃私语和春天的气息。三月，蒲桃枝条垂悬在潭岸边，新叶开始出现一片赭红。在潭岸闲坐，水流偶尔带来一缕白绿繁丝，抬头仰望，便看见蒲桃花开了。

拍摄地点：双溪虎豹潭
常见地点：在台湾恒春半岛及中、南部均有野化族群，偶见栽植为行道树、庭院观赏树

花丝成百，黄绿如粉扑，走到树下，香气也可以满足你所有的想象。

台湾乔木笔记：
蒲桃

蒲桃常被栽种作防风植物，亦常被用作行道树、庭院观赏树，果实可以食用。在泰国，因为果实很像小莲雾，而被称为"古代莲雾"。味道闻起来像青柠，吃起来又像玫瑰，清香微甜，果肉虽薄，籽却很大，汁少而口感不佳，后来逐渐由莲雾所取代。在季节交替时，蒲桃果也是供佛的物品之一。蒲桃被广泛引入温带和热带地区，种子经由啮齿类动物传播，传播速度快，在许多地区已建立起野生种群，因而被视为一种具有侵略性的植物。

令人愉快的花香

　　若对老一辈人提起蒲桃，他们或许不知道，但若提到"风鼓"或"香果"，他们可就侃侃而谈了。"风鼓"是闽南语发音的另一种写法，因其果实具有一种令人愉快的花香，类似玫瑰香气，又名"香果"，西方国家称它为 Rose-apple。

　　赤楠属（*Syzygium*）是桃金娘科（Myrtaceae）的一个属，该属共有 500 余种，多为常绿灌木或乔木植物，主要分布于热带亚洲，中国台湾约有 10 种。属名 *Syzygium* 由希腊文 Syzygion "合生"而来，意指该植物的花蕾顶端有由萼片合成的萼盖构造。

　　蒲桃原产于印度和马来半岛，在 16 至 17 世纪被引入中国大陆，并在广东、广西、云南等南方地区广泛栽培。蒲桃约在郑成功时代引入中国台湾，推测可能由军民带过来，并当作果树栽培。台湾最早的记录称之"菩提果"，此名出现在 1717 年编撰的《诸罗县志》中，书中将它列为果类。《海物异名记》称："花如冠蕤，叶似冬青，实似枇杷，出自西域，故名。"并且描述"香埒于橡，而甘美不及"。说它的香气似芒果，却远不及芒果的香甜。

　　蒲桃树可高达十米左右，分枝错综，常形成圆锥形树冠，树皮褐色且光滑，成熟株会渐成细裂。叶片对生，披针形至长椭圆形，春天时嫩叶浅紫红色或赭红，非常美观。花开于一至四月，花期甚长，花朵簇生于小枝顶端，形成聚伞花序，雄蕊呈细丝放射状，犹如粉扑且具芳香，花瓣淡黄绿色或绿白色。果实从五月开始逐渐成熟，形状像某些种类的番石榴，又像小莲雾，薄薄的果肉，特殊的香气，是许多长者共同的儿时记忆。

1

2

3

4

1.无数雄蕊伸出萼筒外，宛如繁须，雌蕊授粉后，雄蕊随即掉落。 2.伞房花序，顶生，花绿白色，萼片4枚，花瓣4枚，雄蕊多数，子房下位，2室。 3.叶对生，披针形至长椭圆形，长12～25厘米，宽3～5厘米，革质，全缘。 4.种子1～3粒，圆形至椭圆卵形，棕色，表皮粗糙。 5.果球形至卵形，直径3～4厘米，淡黄色至杏黄色，果肉薄，中空，具有玫瑰香气。

图书在版编目（CIP）数据

原来乔木这么美 /叶子著. — 北京：东方出版社，2018.4

ISBN 978-7-5207-0021-4

Ⅰ.①原… Ⅱ.①叶… Ⅲ.①乔木—介绍—台湾

Ⅳ.①S718.4

中国版本图书馆CIP数据核字（2017）第309071号

原来乔木这么美

（YUANLAI QIAOMU ZHEME MEI）

作　　者：叶　子

出　　版：东方出版社

发　　行：人民东方出版传媒有限公司

地　　址：北京市东城区东四十条113号

邮政编码：100007

印　　刷：小森印刷（北京）有限公司

版　　次：2018年4月第1版

印　　次：2018年4月第1次印刷

开　　本：880毫米 × 1230毫米　1/32

印　　张：8.375

书　　号：ISBN 978-7-5207-0021-4

定　　价：68.00元

发行电话：（010）85924663　85924644　85924641